노빈손 슈퍼영웅이 되다

초판 1쇄 펴냄 2013년 5월 7일
초판 2쇄 펴냄 2017년 11월 1일

지은이 장은선 노회윤
일러스트 이우일
펴낸이 고영은 박미숙

편집이사 인영아 | 뜨인돌기획팀 이준희 박경수 김정우 이가현
뜨인돌어린이기획팀 조연진 임솜이 | 디자인실 김세라 이기희
마케팅팀 오상욱 여인영 | 경영지원팀 김은주 김동희

펴낸곳 뜨인돌출판(주) | 출판등록 1994.10.11(제406-251002011000185호)
주소 10881 경기도 파주시 회동길 337-9
홈페이지 www.ddstone.com | 노빈손 www.nobinson.com
대표전화 02-337-5252 | 팩스 031-947-5868

ⓒ 2013 장은선 노회윤 이우일
'노빈손'은 뜨인돌출판(주)의 등록상표입니다.

ISBN 978-89-5807-432-8 03420
CIP제어번호 : CIP2013004688

어린이제품안전특별법에 의한 제품표시	
제조자명 뜨인돌 제조국명 대한민국 사용연령 만 8세 이상 어린이 청소년 제품	전화번호 02-337-5252 주소 경기도 파주시 회동길 337-9

신나는 노빈손 사이언스 판타지 시리즈 03

노빈손
슈퍼영웅이 되다

장은선 노희윤 지음
이우일 일러스트

뜨인돌

작가의 말

여러분은 슈퍼파워(초능력)로 악당들을 물리치는 슈퍼영웅의 이야기를 좋아하나요?

붕붕 날고 쑥쑥 커지고 순식간에 사라지는 슈퍼영웅들을 보면서 "아~, 나도 저런 초능력이 있었으면 좋겠다!" 하고 부러워하면 옆에서 어른들이 혀를 끌끌차면서 타박하죠. 그런 건 다 만화에나 나오는 얘기라고요.

하지만 과학이 어떻게 발전해 왔는지 되짚어 보면 어른들도 그렇게 단정적으로 말하진 못할 거예요. 유치원 시절, 공상과학 만화영화 〈독수리 5형제〉 속 대원들이 손목에 차고 다니는 '액정에 상대방의 얼굴이 뜨는 통신기'가 얼마나 갖고 싶었는지 모릅니다. 그로부터 30년도 지나지 않았는데 이제는 스마트폰으로 지구 반대편에 있는 사람들과도 영상 통화를 하고 있지요.

남들이 다 "터무니없는 망상이다"라고 말할 때, 어떤 사람들은 불가능해 보이는 꿈을 끊임없이 꾸어 왔습니다.

> '새처럼 하늘을 날고 싶어.'
> '치타보다 빠른 속도로 달리고 싶어.'
> '내 목소리를 지구 반대편까지 전하고 싶어.'

그들이 꿈을 꾸는 것을 포기하지 않아 비행기가, 자동차가, 전화가 탄생했지요. 상상이 먼저고, 실현은 그다음입니다. 우리 세계의 과학 기술은 그런 식으로 발전해 온 거랍니다.

노빈손은 과학 법칙으로 슈퍼영웅의 세계를 마구 헤집어 놓습니다. 그런데 만약 슈퍼영웅의 슈퍼파워가 불가능한 이유를 과학 법칙으로 설명할 수 있다면 반대로 과학 법칙으로 그 불가능을 해결할 수 있는 방법을 찾을 수 있지 않을까요? 실제로 우리 세계의 과학 기술은 불가능을 과학으로 가능하게 하면서 발전해 왔으니까요. 과학 법칙을 근간으로 슈퍼파워를 만든 셈입니다.

여러분도 혹시 갖고 싶은 슈퍼파워가 있다면 어떤 과학 법칙을 적용할 수 있을지 노빈손과 함께 탐구해 보는 건 어떨까요?

이 책은 수많은 슈퍼히어로물과 노빈손 시리즈의 최초인 『로빈슨 크루소 따라잡기』에 빚을 지고 있습니다. 이 자리를 빌려 재미난 이야기를 쓰고 그려 주신 모든 분들에게 감사드립니다.

장은선

등장인물

노빈손

지구, 우주, 과거, 미래를 넘나들며 악당을 물리쳐 온 노빈손. 사실 그의 정체는 슈퍼영웅인 '노빈손맨' 이다…라는데 정작 노빈손에게는 그런 기억이 없다. 빨리 슈퍼파워 안 보여 주냐는 주변의 성화에 등을 떠밀린 노빈손은 슈퍼영웅으로 거듭나기 위한 여행에 첫발을 내딛는데…… 변함없이 정신없는 노빈손의 종횡무진 활약상을 기대하시라!

슈퍼마켓맨

평소에는 슈퍼마켓 계산대에서 아르바이트생으로 일하지만, 사실 그의 정체는 하늘을 날며 도시의 평화를 수호하는 정의의 영웅 슈퍼마켓맨이다. 슈퍼파워가 사라진 상황에도 굴하지 않고 꿋꿋하게 정의를 지키려는 씩씩한 사나이. 마우스맨과 은근히 라이벌인 것 같다.

마우스맨

동에 번쩍, 서에 번쩍 나타나는 어둠의 기사 마우스맨. 사실 그의 정체는 대기업 '미티마우스'의 회장님이다. 슈퍼파워는 없지만 막대한 재산으로 마련한 첨단 장비로 악당들을 처단한다. 라이벌인 슈퍼마켓맨이 슈퍼파워를 잃어버린 것을 틈타 그를 골리려 하지만 되려 끌려다니기 일쑤. 쥐라는 단어에 매우 민감하다.

트렌드봄버

분홍색이라는 것 말고는 눈에 띄는 점이 없는 평범한 자동차지만, 사실 그의 정체는 정의를 지키는 변신 로봇 트렌드봄버. 그러나 변신 능력을 잃어버려 멋진 모습은 하나도 보여 주지 못하고 슈퍼영웅들의 이동 수단으로 전락했다. 갖가지 노래 가사를 조합해서 의사를 표현한다.

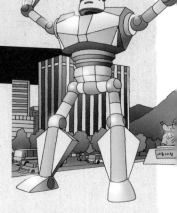

메가스톤

지구 정복을 노리고 외계에서 온 거대 로봇…인 줄 알았으나, 사실 그의 정체는 심각한 관절염에 시달리는 보행 장애 로봇이었다. 덩치에 어울리지 않게 몹시 간드러지는 새된 목소리를 낸다.

키클롭

눈에서 레이저 빔을 발사하는 슈퍼파워를 갖고 있다. 돌연변이로서의 슬픔을 가슴에 품고 사랑과 정의를 지키는 용사라고 자칭하지만, 사실 그의 정체는 여자 친구를 사귀고 싶은 이 시대의 평범한 청년. 여자 친구에게 잘 보이려고 마그네우스와 일생일대의 결투를 벌인다.

마그네우스

몸에서 자기력을 뿜어 내 쇠붙이를 조종하는 슈퍼파워의 소유자이다. 돌연변이 초능력자의 한을 가슴에 품고 세상을 파괴하는 악당이라고 하나, 사실 그의 정체는 키클롭과 밀접하게 연관돼 있다. 과연 그는 키클롭과의 결투에서 승리할 수 있을까?

로빈슨 크루소 박사

연금술사이며 노빈손맨의 숙적이라는 악당 크루소 박사. 사실 그의 정체는……, 아무도 모른다. 노빈손맨의 창조자라는 둥, 노빈손맨의 진짜 아버지라는 둥, 무인도 표류생활 선배라는 둥 소문만 무성하다. 그의 진짜 정체를 알고 싶다면 이 책의 결말까지 잘 따라오시라!

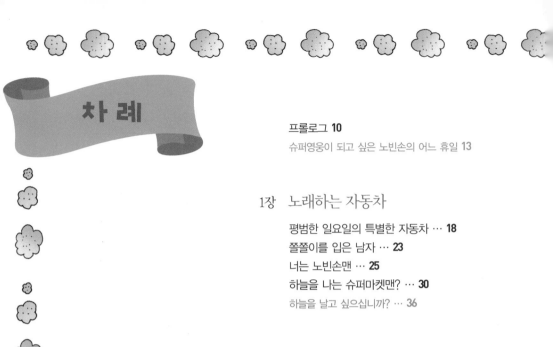

차 례

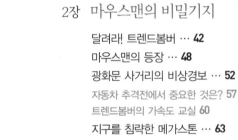

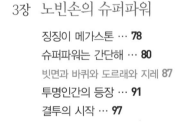

 프롤로그

그곳은 창문 틈 사이로 새어 들어오는 별빛도 삼켜 버릴 만큼 깜깜한 방이었다. 그 어둠 속에서 누군가 작은 목소리로 끊임없이 웅얼거리고 있었다. 마치 주문을 읊는 것 같았다. 그 주문에 반응하는 것인지, 푸르스름한 야광으로 둘러싸인 마법진의 문양이 천천히 공중으로 떠올랐다. 문양은 전체적으로 둥근 모양을 그리며 꿈틀거리다가 빙글빙글 돌기 시작했다. 주문 소리가 점점 더 커지고 빨라지기 시작했다.

"으으음……."

주문 소리를 막으려는 듯 희미한 신음 소리가 묻어 나왔다. 주문을 외는 사람과는 다른 사람의 목소리였다. 하지만 곧 주문 소리는 방 안을 쩌렁쩌렁 울릴 만큼 커졌고 신음 소리는 이내 묻혀 버리고 말았다.

"운동… 관성… 중력… 가속도… 무게… 질량… 에너지 보존 법칙이여!"

주문이 멈추자 공중에 떠오른 문양의 야광은 금방이라도 타오를 것처럼 밝아졌다.

파앗!

"으악!"

이윽고 공간을 가르는 바람 소리와 함께 문양은 더욱 강렬한 빛을 내뿜으며 터져 버렸고 동시에 의문의 비명이 울렸다. 신음 소리를 내던 사람의 목소리였다.

어느 순간, 빛은 홀연히 사라지고 다시 어둠이 그 자리를 채웠다. 텅 빈 방 안은 아무 일도 없었다는 듯 조용하기만 했다.

"크크크…, 드디어! 드디어 성공했군! 흐흐흐흐!"

정적을 깨뜨린 것은 누군가의 음침한 웃음소리였다. 딱 듣기에도 악당 같은 웃음소리는 불도 안 켠 어둠 속에서 그치지 않고 메아리쳤다. 사실 너무 오래 웃는다 싶을 정도였다.

"하하! 에잇!"

참으로 즐겁다는 듯 웃어 대던 소리가 어느 순간 느닷없이 뚝 그쳤다. 그러더니 언제 웃었냐는 듯이 벌컥 짜증을 냈다.

"전등 스위치는 도대체 어디 있는 거야!"

웃으면서 한편으로 불을 켜려고 어둠 속에서 벽을 계속 더듬거리고 있었던 모양이다.

지잉.

잠시 후, 가벼운 파열음과 함께 전등이 켜졌다.

빛이 어둠을 밀어내자 방 가운데 바닥에 붓으로 그린 원형 그림이 드러났다. 아까 공중에 떠올랐던 문양과 비슷한 모양이었다. 다만 조금 더 자잘하고 복잡한 무늬들로 이루어져 있었다. 보고 있기만 해도 눈앞이 저절로 빙빙 도는 듯한 느낌이었다.

방 한쪽 구석에는 두꺼운 알의 안경을 쓴 노인이 서 있었다. 노인의 덥수룩한 흰 머리 아래로 자신감과 확신이 듬뿍 담긴 미소가 맴돌고 있었다. 참으려 해도 웃음이 나오는지 피식거리는 소리가 자꾸만 새어 나왔다.

"흐흐, 흐흐. 이런 획기적인 발상을 하다니! 난 역시 천재야. 그렇고 말고! 위대하신 나님에게 박수!"

노인은 혼자서 신나게 박수를 치다가 춤이라도 출 기세로 방 안을 빙글빙글 돌아다녔다. 휘

초능력은 가능할까?

하늘을 날거나, 순간이동을 하거나, 사람의 마음을 읽거나 하는 초능력을 갖고 싶은가? 아니면 소설 『해리포터』에 나오는 마법이 혹시 가능할지도 모른다는 생각을 한 적이 있는가? 1996년에 캐나다의 제임스 랜디라는 마술사가 초능력을 실제로 입증한다면 100만 달러를 주겠다고 했지만 아직 아무도 성공하지 못했다. 제임스 랜디는 유리 겔라 등 세계적으로 유명한 초능력자들의 속임수를 밝혀내기도 했다. 그러니 맨몸으로 초능력을 발휘할 수 있다고 주장하는 사람들에게 속지 말자.

청대며 마구 발걸음을 내딛는 것 같았지만 신기하게도 바닥의 그림은 밟지 않았다.

"기다려라, 슈퍼영웅들! 이 몸이 너희들을 죄다 끝장내 주겠다! 이히히히히!"

노인은 신경질적인 웃음을 흘리며 바닥의 그림 가운데에 시선을 고정시켰다. 그곳에는 사진 한 장이 놓여 있었다.

"노빈손맨! 이번에야말로 안녕이다! 서울광장 한복판에서 네놈에게 '무장 해제'를 당한 내 원한이 얼마나 깊은 것인지 뼛속 깊이 느껴 보도록 해라!"

여러 번 구겼다 편 듯 귀퉁이가 해진 사진에는 여기저기 접힌 흔적이 나 있었다. 사진 속에서는 민머리에 4가닥의 머리카락을 가진 청년이 어설픈 미소를 띠고 있었다.

슈퍼영웅이 되고 싶은 노빈손의 어느 휴일

 AM 9:30

늦잠을 잘 수 있는 휴일이면 난 이불 속에서 뒹굴며 온갖 상상의 나래를 펼쳐. 상상 속에서 나는 뭐든지 할 수 있어. 슈퍼맨처럼 하늘도 날고, 몇 톤짜리 무거운 바위도 번쩍번쩍 들고, 스파이더맨처럼 빌딩 벽도 기어오를 수 있지. 오늘도 한창 망토를 휘날리며 위기에 처한 사람들을 구하고 있는데 밥 먹으라고 부르는 엄마의 목소리가 들렸어. 어쩔 수 없이 나의 사랑하는 이불을 박차고 나와야 했지. 아, 정말 움직이지 않고 이대로 가만히 있고 싶다.

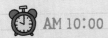 AM 10:00

엄마가 식탁에 아침밥을 차려 놓았어. 근데 입맛이 없어. 숟가락이 저절로 밥과 반찬을 떠서 내 입에 넣어 줬으면 좋겠어. 생각만으로 물건을 움직일 수 있으면 얼마나 좋을까? 숟가락을 아무리 노려보아도 숟가락은 꿈쩍도 하지 않아. 사실 내가 숟가락을 들지 않으면 숟가락은 절대 움직이지 않지. 즉 힘을 주지 않는 한 가만히 있는 물체는 계속 움직이지 않는다는 얘기야. 당연하다고? 17세기 영국의 물리학자 뉴턴은 이걸 '관성'이라고 하고 '힘을 받지 않는 한 물체는 자신의 상태를 그대로 유지하려 한다'는 법칙으로 정리했어.

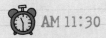 AM 11:30

말숙이와 만나기로 해서 공원에서 기다리고 있었어. 저쪽에서 아이들이 축구를 하고 있었지. 축구공이 갑자기 내가 있는 쪽으로 굴러왔어. 나는 축구공을 탁! 하고 잡……지 못했어. 내 다리가 너무 짧았거든.

그런데 구르던 공은 곧 멈췄어. 관성의 법칙에 따르면 공은 계속 굴러가야 하는데 왜 멈춘 걸까? 사실 공은 계속 굴러가려고 하는데 땅에서 마찰력이 방해했기 때문에 멈춘 거야. 즉 힘을 받아서 멈춘 거지. 마찰력이 없는 우주에서는 공이 그대로 무한정 굴러갈걸.

나는 운동기구 쪽으로 갔어. 멋지게 역기를 한 팔로 들어 보려고. 하지만 그건 슈퍼영웅에게나 가능한 일이었어. 역기가 너무 무거워서 두 팔이 부들부들 떨리고 눈앞에 있는 하늘이 아득해졌어. 여기서 역기를 놓칠 순 없어! 나는 눈을 꼭 감고 이를 악물었어. 그런데 갑자기 역기가 쑥 올라가는 거야. 나는 뿌듯한 마음으로 눈을 떴지. 말숙이가 역기를 한 손으로 들어 주며 나를 가소롭다는 듯 바라보고 있었어.

역기는 관성의 법칙에 따라 그 자리에 있으려고 하기 때문에 내가 역기를 움직이려면 관성을 이길 만큼의 힘을 써야 해. 관성을 나타낸 값이 바로 질량이야. 힘이 클수록 큰 질량의 물체를 움직일 수 있지. 나는 역기를 들기 어려웠지만 힘이 센 말숙이는 역기를 쉽게 든 것처럼.

말숙이와 번지 점프를 하러 왔어. 하늘을 나는 슈퍼맨의 기분을 조금이라도 느껴 보려고. 잠깐만! 난 고소 공포증이 있는데……

으악!

관성의 법칙에 따라 외부로부터 힘을 받지 않으면 나는 가만히 공중에 떠 있어야 하는데 왜 아래로 떨어지는 걸까? 그렇다면 나의 질량을 움직일 수 있는 힘이 아래쪽으로

잡아당긴다는 얘기야. 도대체 무엇이 그런 힘을 내는
것일까?

 PM 3:00

나는 말숙이에게 침을 튀겨 가며 설명했어. 과학에
서 운동이란 물체가 힘을 받아 움직인다는 의미야.
그리고 힘이란 운동을 하게 하거나 모양을 변형하
는 등 물체의 상태를 변화시키는 거지. 내가 아래
로 떨어지는 운동을 하도록 만든 건 바로 지구
야! 즉 지구에겐 끌어당기는 힘이 있는 거지.

 PM 4:00

내 얘기를 한 시간 동안이나 듣고 있던 말숙이
가 조용하게 말했어.
"그건 사과가 떨어지는 걸 보고 17세기에 뉴턴이 알아낸 거잖아. 내가 '만유인력' 도
모를까 봐?"
아니! 말숙이가 이렇게 똑똑했다니! 뉴턴은 '질량이 있는 모든 물체는 끌어당기는 힘이
있다' 고 했대. 이 힘을 인력이라고도 하고 중력이라고도 한다나. 이 힘으로 지구 내의
움직임뿐 아니라 태양과 달, 그밖의 별들을 비롯한 우주 전체의 운동도 설명할 수 있
대. 그래서 만유인력이라고 하는 거래.

 PM 9:00

몇 시간 동안이나 말숙이의 수다를 듣고 집에 오니 녹초가 됐어. 아무래도 슈퍼영웅이
되는 건 이 세상이 움직이는 원칙을 깨는 일 같아. 중력이니 인력이니 하는 힘을 내가
어떻게 이기겠어. 내 질량을 지구만큼 키울 수도 없고. 하지만 이런 과학 법칙들을 연
구하다 보면 실제로 슈퍼파워를 발휘하는 법을 개발하게 될지도 모르잖아.

1장

노래하는
자동차

🚗 평범한 일요일의 특별한 자동차

평범하기 짝이 없는 일요일이었다.

휴일이라 늘어지게 늦잠을 자려다 엄마한테 쥐어박히며 잠을 깬 것도, 텔레비전을 보면서 뒹굴거린 것도, 그러다 입이 심심해져서 간식거리가 없나 냉장고를 뒤진 것도, 결국 슈퍼마켓에라도 다녀와야겠다는 생각에 집을 나선 것도, 일요일이면 노빈손이 늘 하는 일이었다.

그날의 첫 이변은 대문 밖으로 나왔을 때 발생했다.

처음 보는 낯선 자동차가 집 앞에 떡하니 세워져 있었던 것이다. 상당히 낡아 보이는 분홍색 승용차였다. 노빈손은 무심코 차창 앞유리를 들여다보았지만 차 안에는 아무도 없었다. 유리창에도 연락처 하나 끼워져 있지 않았다.

"나 참, 누가 남의 집 앞에다 주차를 한 거야?"

노빈손은 투덜거리면서 차 옆을 지나쳤다.

그때였다. 자동차의 운전석 창유리가 스르륵 내려가더니 흘러간 노래가 뜬금없이 스피커에서 울려퍼졌다.

처음엔, 그냥 걸었어~ ♪ 울적해 ♪ 노래도 불렀어~ ♪ ♬

"?"

갑작스런 음악소리에 놀란 노빈손이 다시 시선을 자동차 쪽으로 돌렸다.

'어, 사람이 있었나?'

여전히 차 안에는 아무도 없었다. 그런데 노래는 멈추지 않고 흘러나왔다.

정말이야, 거짓말이 아냐~ ♪ 미안해, 너희 집 앞이야~ ♪ ♬

"뭐라는 거야, 이 자동차가? 아니 그보다 사람도 없는데 어떻게 갑자기 노래가 나오는 거지?"

어리둥절해진 노빈손이 운전석을 살펴보고 있을 때였다. 스피커의 음향이 치직거리더니, 갑자기 다른 노래가 흘러나왔다.

뭘~ 그렇게 놀래? ♬ 그렇게 동그란 눈으로 나를 쳐다보지 마~♪♬

"!"

마치 자신을 지켜보고 있는 것 같은 노래 선곡이다. 어쩐지 섬뜩해진 노빈손이 슬슬 뒷걸음질을 쳤다. 그러자 또 노래 구절이 바뀌었다.

왜 그래? 나랑 눈도 맞추질 못해~ ♬ 넌 도대체 왜 아무런 말도 없는 거야~♪♬

'이, 이거… 뭐에 씐 차 아니야? 수상해. 도망가자!'

그렇게 생각하고 몸을 홱 돌렸을 때였다. 새로운 노래가 흘러나와 노빈손의 발목을 붙들었다.

왜! 왜! 날 떠나려고 해~♪ 난! 난! 네가 필요해~♪♬

"……"

떠나려던 그 자세대로 굳어 버린 노빈손은 천천히 고개를 자동차 쪽으로 돌렸다. 기운차게 노래가 흘러나오고 있었지만, 아무리 차 안을 살펴봐도 사람은커녕 쥐새끼 한 마리도 보이지 않았다. 눈만 끔벅끔벅 하는 노빈손을 놀리기라도 하듯 노래가 다시 바뀌었다.

그렇게 얼빠진 눈으로 나를 쳐다보지 마~♪♬

"뭐? 얼빠진 눈?"

잘 들어~ 미안하지만 네가 보고 있는 것들은 꿈이 아냐~♪♬

"아~ 진짜! 이 똥차, 도대체 뭐야? 자동 주크박스야? 꼬마 자동차 붕붕이야?"

노빈손은 무서움을 떨치려고

소리의 3대 요소

소리를 구분하는 것은 맵시, 크기, 높이의 3가지 요소이다. 맵시는 음색이라고도 한다. 피아노와 바이올린이 같은 음을 연주해도 다른 느낌이 나는 것은 맵시가 다르기 때문이다. 소리의 크기는 진폭, 즉 진동의 폭이 크면 클수록 커지는데 나타내는 단위는 dB(데시벨)로 70dB 이상이면 소음이다. 소리의 높이는 주파수로 나타내는데 단위는 Hz(헤르츠)이다. 헤르츠는 1초당 몇 번 진동하느냐를 나타내며 헤르츠가 클수록 높은 소리이다.

짜증을 버럭 냈다. 그러자 차 안의 스피커에서 친숙한 이름이 흘러나왔다.

돌아갈 땐 빈손인 것을~ 도와줘~♪♬노빈손! 맨~♬호탕하게 원없이~♪ 웃다가 으랏차차~♪♬

정말 특이한 음률이었다. 온갖 노래들의 구절을 따다가 이어 붙인 것처럼 음질과 높낮이가 제각각이었다. 신문지나 잡지에서 오려 낸 각각의 글자를 삐뚤삐뚤 이어 붙여 만든 편지를 읽고 있는 것 같은 기분이랄까? 무엇보다 가사 내용이 문제였다. 노빈손은 저도 모르게 입을 조금 벌렸다.

"가만, 지금 내 이름이 나왔잖아?"

날 도와줘~♪♬ 어둠 속을 빛으로 밝혀 줘~♪♬

고개를 붕붕 좌우로 저은 노빈손은 여전히 노래가 나오고 있는 운전석을 향해 조심스럽게 말을 걸었다.

"설마……, 지금 나한테 말을 걸고 있는 거야?"

말할 필요 없이 잘 알잖아~♪새삼 스럽게 머쓱해지잖아~♪♬

"아니, 전혀 모르겠는데. 자동차와 얘기하는 건 난생처음이라서. 넌 도대체 뭐야?"

나야 나, 트렌드봄버~♪♬

"트렌드봄버?"

노빈손이 고개를 갸우뚱하자 스피커의 볼륨이 갑자기 높아졌다. 마치 짜증을 내는 것 같다.

슈퍼 파워 노빈손맨맨맨~
멋지고 윤기있는 헤어스탈~

날쌘돌이! 우주 경찰! 트렌드봄버~♪♬ 로
봇으로 변신하여 악당과 싸운다~♪♬

"뭐? 로봇?"

말할 필요 없이 잘 알잖아~♬ 새삼스럽게 머쓱
해지잖아~♪♬

"이것 참. 누가 장난치는 건지는 모르겠지만, 음악 파일
들을 모아서 이렇게까지 편집하려면 엄청나게 시간이 걸릴 텐데.
이렇게 투자 대비 결과가 별로인 장난은 처음인걸⋯⋯."

도대체 얼마나 할 일이 없었으면 이런 장난을 치는 거지? 노빈손은 의심이
충만한 눈으로 자동차를 노려보았다. 그때 기절초풍할
노래가 흘러나왔다.

너도 그렇잖아~♪♬ 어쨌거나 올백머리 노빈손
맨! 슈퍼파워 영웅 노빈손맨!

"뭐? 노빈손맨?"

멋지구나~ 잘생겼다~ 대인배의 카리스마~♬
지구를 부탁하노라~

"노빈손맨이라니, 그게 무슨 소
리야?"

알고도 모른 척하는 너무나 얄미운
당신~ 올래 올래~♪♬

"난 너 몰라! 노빈손맨 같은 것
도 아니고!"

노빈손이 그렇게 대꾸하자, 노랫

소리가 조금씩 높아지더니 급기야 삑삑거리는 소리까지 섞여서 온 동네에 빵빵하게 울려 퍼지기 시작했다. 앞집과 옆집의 창문이 동시에 드르륵 열렸다. 성난 고함이 노빈손에게 쏟아졌다.

"야! 이 동네에 너만 사냐! 소리 좀 줄여!"

"제…, 제가 그런 거 아닌데요! 이 차가……."

노빈손은 당황해서 자동차를 달래 보려고 했다.

"미안, 미안. 내가 잘못했어. 우리 이러지 말고 이성적으로 대화…, 대화라고 할 수 없네. 그럼 노래하자. 응?"

노빈손이 안절부절못하는 모습을 본 것인지, 자동차의 우렁찬 노래자랑(?)이 겨우 잦아들었다. 그러더니 운전석 문이 덜컥 열렸다. 노빈손은 일단 사람들의 시선을 피하기 위해 운전석으로 들어가 풀썩 주저앉았다. 한숨이 입에서 길게 흘러나왔다.

"에휴…, 이게 도대체 무슨 일이람. 처음 보는 차가 세레나데를 부르질 않나, 나더러 노빈손맨이라고 하질 않나. 이건 도대체 정체가 뭐야?"

트렌드봄버라니까~ ♪♬ 나는야 변신로봇~ ♪ 트렌드봄버~ ♪♬

마치 대답하는 것처럼 차 안의 스피커에서 노랫소리가 흘러나왔다. 노빈손은 팔짱을 낀 채 코웃음을 쳤다.

"헹, 그렇단 말이지? 그럼 변신해 봐. 너 변신로봇이라며?"

그게 바로 풀리지 않는 문제~ ♪♬ 변신이 안 돼! 왜인지 모르겠어~ 모르겠어~ ♪

"변신이 안 된다고?"

♪♬ 왜일까~ 갑자기~ 변신이 안 돼~ ♬ 뭐가 잘못된 걸까~ ♪ 악당의 음모일까~ 그래서 도움

어린아이들만 들을 수 있는 소리

사람이 들을 수 있는 주파수는 20~20,000Hz이다. 20,000Hz보다 높은 음을 초음파라고 하는데 박쥐, 돌고래 등 몇몇 동물들만 감지할 수 있다. 낮은 음은 저주파, 높은 음은 고주파라고 한다. 사람의 청력은 나이가 들수록 약해져서 높은 주파수를 차츰 듣지 못하게 된다. 30대부터 16,000Hz 이상의 소리를 듣기 어렵다고 한다. 그래서 10대들만 들을 수 있는 17,000Hz의 벨소리가 개발되기도 했다.

청하러~♪ 친구인 노빈손맨을 찾아왔는데~♪♬ 노빈손맨은 날 모른다 하네~♬ 너 어떻게 나한테 이럴 수 있어~♪♬

"아 글쎄, 무슨 소린지 하나도 모르겠다니까."

운전대에 대고 항의하던 노빈손은 한숨을 푹 쉬며 몸을 의자에 파묻었다.

"에구, 이게 무슨 귀신이 곡할 노릇이람. 앗!"

무심코 위쪽을 바라본 노빈손이 숨을 헉 들이켰다. 눈앞에 있는 건물 옥상 난간에 사람의 그림자가 보였기 때문이었다. 덩치 좋은 남자가 난간에 무릎을 대고 막 올라서려는 참이었다.

'어…어? 저긴 왜 올라가는 거야? 위험하잖아! 설마 내가 지금 떠올린 그런 불길한 계열의 용무는 아니겠지? 그래, 유리창을 닦으려는 걸 거야. 아니면 전봇대를 고치러 가는 것이거나!'

 쫄쫄이를 입은 남자

노빈손이 우물쭈물하는 동안, 건물 옥상의 좁다란 난간 위에 올라선 남자는 자신의 발밑을 내려다보았다. 손에는 아무것도 들려 있지 않았다. 전봇대를 고치려는 건 확실히 아니었다. 당장이라도 난간 밖으로 뛰어내릴 것 같은 모습이었다.

'저 건물은 4층. 아래는 콘크리트 도로다.'

"이런, 안 돼!"

노빈손은 더 생각할 것도 없이 벌컥 차 문을 열어젖혔다. 스피커에서 또 노래가 흘러나왔지만 신경 쓸 겨를이 없었다. 숨넘어갈 듯이 눈앞의 건물로 달렸다. 4층까지 계단을 박차고 올라가는 시간이 영원처럼 느껴졌다. 숨이 차고 발걸음이 추를 매단 듯 무거워졌다.

'제발! 제발! 늦지 않았기를……'

마침내 옥상으로 향하는 철문이 벼락처럼 눈앞을 덮쳤다. 노빈손은 벌컥 문을 열면서 달려 들어갔다. 찬란한 햇살이 시야를 가득 채우는 통에 잠깐 어지러웠다. 곧이어 난간 끝에 서 있는 사람의 뒷모습이 눈에 들어왔다.

그 사람은 갑작스런 문소리에 놀란 것처럼 살짝 어깨를 움츠리더니 천천히 고개를 돌렸다. 노빈손은 후들거리는 다리와 차오르는 호흡을 추스르려 애쓰며 몸을 똑바로 세웠다.

난간 위에 서 있는 남자는 무척 건장한 남자였다. 190cm도 훌쩍 넘을 것 같은 장신이었다. 송충이처럼 굵직한 눈썹 밑에서 선량해 보이는 시선이 노빈손의 눈을 향했다. 평온한 눈빛이다. 세상을 비관하여 몸을 던지려는 사람 같아 보이지 않았다. 그가 느긋하게 되물었다.

"음? 무슨 용건이라도?"

"……네?"

그제야 남자의 모습을 제대로 본 노빈손은 갑자기 온몸의 기운이 다 빠져나가는 것 같았다. 입도 약간 멍청하게 벌어졌다.

왜 그토록 죽기 살기로 계단을 뛰어 올라왔는지, 그 이유가 한순간 머릿속에서 깨끗하게 지워져 버렸다.

그 남자의 느긋한 표정 때문이 아니었다. 노빈손이 자살 지망생(추정) 앞에서 허탈해지고

사람은 왜 땅으로 떨어질까?

이런 당연한 사실에 의문을 품은 사람들이 있다. 뉴턴이 사과나무에서 사과가 떨어지는 것을 보고 그 이유를 탐구하다가 만유인력의 법칙을 세웠다. 그전까지는 지구와 우주에서는 다른 규칙이 적용된다고 여겨졌는데 만유인력의 법칙으로 같은 물리력으로 운동한다는 사실이 밝혀졌다. 뉴턴의 그의 저서 『프린키피아』에서 뉴턴의 3대 법칙이라 불리는 관성의 법칙, 가속도의 법칙, 작용 반작용의 법칙을 수학적으로 증명하기도 했다.

만 가장 큰 원인은 상대가 어깨에 걸치고 있는 빨간 보자기 때문이었다. 흡사 망토처럼 보이는 빨간 보자기는 바람을 받아 힘차게 펄럭이고 있었다.

'보…보자기? 게다가……'

문제는 어깨의 보자기만이 아니었다. 남자의 전신을 감싸고 있는 것은 다름 아닌 노란 스판덱스 쫄쫄이 우주복이었다. 전체적으로 샛노란색이었지만, 유독 엉덩이와 사타구니 부근에만 파란 역삼각형 천이 붙어 있어서 마치 바지 위에 팬티를 덧입은 것처럼 보였다.

'저거랑 비슷한 복장을 내가 무슨 영화에서 봤더라?'

앞으로 보나 뒤로 보나 사지와 정신이 멀쩡한 30대 남자가 입을 옷은 아니었다. 할 말을 잃고 물끄러미 상대를 바라보던 노빈손의 목덜미에서 식은땀이 배어 나왔다.

'제정신이 아닌 사람일지도 모르겠어. 어쩌면 자기가 슈퍼영웅이라고 생각하는 하얀 집 환자일지도……. 그러면 말로 설득이 안 될 텐데? 그렇다고 힘으로 끌어내리자니 저쪽이 훨씬 힘세 보이고. 어쩌면 좋지? 눈앞에서 사람이 뛰어내리는 건 정말 싫다고!'

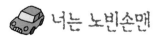 너는 노빈손맨

오만 가지 잡생각이 노빈손의 머릿속에서 한바탕 춤을 추고 있을 때였다. 쫄쫄이를 입은 남자가 걸걸한 목소리로 반갑다는 듯이 말을 건넸다.

"아니, 이게 누군가? 노빈손맨이 아닌가? 여긴 어쩐 일이야?"

"엥?"

노빈손이 멍한 눈으로 쫄쫄이 남자를 쳐다보았다.

'여기서 왜 또 노빈손맨이 등장하는 거지?'

"노빈손맨, 왜 멍하니 바보 같은 표정을 짓는 건가?"

"사람을 잘못 보신 거 같은데요……. 제 이름에는 '맨'이 안 붙어요. 저는 그냥 노빈손이에요."

노빈손은 반박했다.

'왜 자꾸 노빈손맨이라고 하는 거야? 아까 마주친 이상한 자동차에서도 같은 이름이 흘러나왔는데…….'

그러나 이 남자는 자동차보다 한술 더 떴다.

"그래, 노빈손맨. 자네의 평상시 이름은 노빈손이 맞지. 슈퍼영웅으로 활동할 때의 이름이 노빈손맨이고."

"슈퍼영웅이라고요?"

"그래, 슈퍼영웅."

"제가요?"

"그래, 나랑 같이."

"아저씨가? 슈퍼영웅?"

남자가 미간을 찌푸리며 걱정스런 표정을 지었다.

"노빈손맨, 자네 어디 아픈 거 아닌가? 무슨 일이 있었나?"

'침착하자, 침착해. 말려들면 지는 거다.'

노빈손은 일단 길게 숨을 들이마셨다가 뱉었다. 그리고 톤을 한층 가라앉힌 목소리로 대답했다.

"아저씨, 일단 제 말씀 좀 들어주세요."

"알았네."

"전 그냥 길을 지나가던 평범한 시민이에요. 아저씨가 말하는 그 '노빈손맨'인지 뭔지가 아니라고요. 전 아저씨를 오늘 처음 봤어요."

노빈손의 차분한 설명을 들은 쫄쫄이 남자에게서 미소가 사라졌다.

"그렇군."

"이해하신 거예요?"

"사태가 정말 심각하군."

"네?"

"노빈손맨이 기억 상실증에 걸리다니! 그렇지 않고서야 나를 몰라볼 리가 없는데!"

"커헉!"

노빈손은 옥상 난간 위에 서 있는 사람을 자극해서는 안 된다는 상식도 잊고서 고함을 치고 말았다.

"멀쩡한 사람을 기억 상실로 몰아가지 마세요! 제겐 어제 기억, 그저께 기억, 1년 전 기억, 10년 전 기억에 세계 여행한 기억까지 다 있다고요!"

"그렇군. 슈퍼영웅으로서의 기억만 지웠다면……. 기억 조작이로군! 굉장한 솜씨인걸. 도대체 어느 악당의 짓일까?"

'내 말을 전혀 안 듣고 있구나……'

급기야 골치가 지끈거리기 시작했다. 노빈손은 미간에 손을 짚으면서 쫄쫄이 남자에게 말했다.

이카로스의 날개

그리스 신화에 나오는 기술자 다이달로스는 크레타 왕의 미움을 사 아들 이카로스와 함께 높은 탑에 갇힌다. 다이달로스는 새의 깃털을 모아 큰 날개를 만들었고 밀랍으로 날개를 몸에 붙이고 하늘을 나는 데 성공했다. 다이달로스는 아들에게 바다와 태양 사이에서 중간을 유지하며 날라고 충고했지만 이카로스는 하늘을 나는 데 심취한 나머지 태양 가까이로 올라갔고 그만 태양열에 날개의 밀랍이 녹아 바다로 떨어지고 말았다.

28

"제 기억이 어쩌고 하기 전에, 우리 좀 더 상식적으로 얘기해 보자구요. 슈퍼영웅이라니요? 슈퍼영웅은 영화에서나 나오는 거라고요."

"무슨 소리야? 자네 정말 날 기억하지 못하나?"

"기억하지 못하는 게 아니라 모른다고 아까부터 얘기했잖아요."

"그거 이상하군. 노빈손맨이 아니라도 나를 모를 리가 없을 텐데……."

"굉장한 자신감이시네요."

남자가 획 하고 오른팔을 흔들며 빨간 보자기, 아니 망토를 쳤다. 수천 번은 해 본 동작인 듯 익숙했다. 망토가 바람을 받으며 좌라락 펼쳐졌다. 인정하기 싫었지만 솔직히 좀 멋져 보였다.

"당연하지! 나는 이 도시의 평화와 안전을 수호하는 슈퍼영웅, 슈퍼마켓맨이니까!"

"슈퍼마켓맨이요?"

노빈손은 무심코 그 이름을 되물었다. 머릿속이 복잡하게 엉키기 시작했다. 노빈손은 5초간 침묵한 후에 입을 열었다.

"진짜로 슈퍼영웅이에요?"

"그렇다니까."

"슈퍼영웅이 진짜로 있다고요? 그럼 슈퍼파워도 갖고 있겠네요. 아저씨의 슈퍼파워는 뭐예요? 슈퍼맨처럼 하늘을 나는 건가요? 보여 주시던가요."

별 생각 없이 말을 꺼낸 노빈손은 아차 싶어 입을 막았다. 요상한 보자기를 걸치고 옥상 난간에 서서 자신이 슈퍼영웅이라고 주장하는 괴상한 남자에게 할 말은 아니었다. 도발하고 만 꼴이었다.

'정… 정말로 뛰어내리면 어쩌지? 그러면 내 책임인 건가?'

노빈손은 태도를 180도로 바꾸어 애원하는 목소리로 말했다.

"아뇨, 방금 제가 한 말은 실언이었어요. 잊어 주세요! 죄송해요, 잘못했어요, 믿을게요, 슈퍼영웅님!"

굽실거리는 노빈손을 향해, 슈퍼마켓맨이라고 자신을 소개한 남자가 묘한 표정을 지었다.

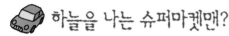 하늘을 나는 슈퍼마켓맨?

"참 이상하다네."

한동안의 침묵을 깨고 슈퍼마켓맨이 말했다.

"이상하다뇨?"

"하늘을 날 수가 없어."

"네?"

슈퍼마켓맨은 고개를 들어 먼 하늘을 바라보았다.

"조금 전에 어린아이가 놓쳐 버린 풍선을 발견했네. 즉시 날아가 풍선을 잡으려 했지. 그런데 이상하게도 두 발이 땅에 붙어서 꼼짝하질 않는 거야. 어제까지만 해도 가볍게 날아다녔는데 말이지. 그게 이상해서 확실하게 시험해 보려고 여기 올라온 거라네."

'슈퍼파워를 가진 영웅이라면서 고작 잡는 게 풍선이란 말이지.'

그런 생각이 들기는 했지만, 노빈손은 그 말을 차마 입 밖으로 꺼내지는 못했다. 슈퍼마켓맨이 너무도 진지한 표정을 짓고 있었기 때문이다.

"그런데 아무래도 문제가 발생한 건 나만이 아닌 모양이군. 노빈손맨의 기억이 조작되다니……."

"제가 보기엔 아저씨의 기억이 조작된 것 같은데요. 어떻게 사람이 날아다닐 수가 있어요?"

"노빈손맨, 왜 그렇게 부정적으로만 생각하는 건가? 긍정은 고래도 춤추게 한다네."

"이건 긍정이 어쩌고저쩌고 하는 차원의 문제가 아니잖아요! 사람은 원래 날 수 없어요! 구조상으로, 물리법칙상으로, 현실적으로! 그리고 고래를 춤추게 하는 건 칭찬이라고요."

"아니야. 할 수 있어. 지금 증명해 보이지!"

슈퍼마켓맨은 자신만만하게 대답하고는 몸을 휙 돌려 난간 바깥쪽을 보고 섰다. 노빈손은 덜컹 내려앉는 가슴을 부여잡고 조마조마하게 물었다.

"아니, 지금 뭐 하시는 거예요?"

"여기서 날아 보일 것이네."

"뭐라고요? 여긴 4층이에요. 지금 못 난다면서요!"

"악당들의 암시가 내 눈을 가리고 있는 걸지도 모르지. 위기 상황에 닥치면 예전 감각이 돌아올 수도 있고!"

장본인인 슈퍼마켓맨은 태연하게 말했지만, 노빈손은 엉덩이가 숯불에 닿은 송아지처럼 펄쩍 뛰었다. 슈퍼마켓맨은 양팔을 하늘 높이 들어올리고서 당당한 목소리로 외쳤다.

"저 넓은 우주를 향하여!"

"안 돼애애애애~~!"

노빈손은 난간을 향해 돌진하며 절규했다. 손을 힘껏 허공

안전하게 지켜 주는 낙하산

영화에서 종종 비행기에서 뛰어내리는 장면이 나온다. 그럴 때 필요한 게 낙하산이다. 가속도 법칙에 의하면 중력에 의해 지구로 떨어지는 물체는 1초당 9.8m씩 속도가 증가한다. 떨어지기 시작하고 1초 뒤에는 초속 9.8m지만 10초 뒤에는 초속 98m가 되는 것이다. 하지만 지구에는 공기가 있다. 공기 저항이 발생하여 중력에 의해 자유낙하 하는 물체의 속도를 늦춰 준다. 낙하산은 넓은 면적의 천을 이용해서 공기 저항을 받는 면을 넓혀서 떨어지는 속도를 늦춘다.

32

에 뻗어 보았지만 슈퍼마켓맨의 거구는 이미 난간을 박차고 뛰어오른 뒤였다. 슈퍼마켓맨은 둥실 허공에 떠오르는 듯싶더니, 곧바로…….

"으허허허! 헉?"

만유인력의 법칙을 배신하지 못하고 하염없이 아래로 추락하기 시작했다. 노빈손의 얼굴빛이 백짓장처럼 새하얗게 질렸다.

"으 아 아 아 아~ 악!"

슈퍼마켓맨의 비명에 노빈손은 더 바라보지 못하고 눈을 질끈 감았다. 그런데 쿵 소리 대신에 찌지직 하는 천이 찢어지는 소리가 들렸다.

불행 중 다행이었을까, 건물의 창가에 뾰족하게 튀어나온 구조물에 망토 자락이 걸린 것이었다. 슈퍼마켓맨의 몸이 허공에서 정지한 순간, 망토 자락이 찢겨져 나갔다. 그만큼 떨어지는 시간이 지체된 덕분에 슈퍼마켓맨은 큰 탈 없이 땅에 두 발로 착지하는 데 성공했다.

노빈손은 서둘러 아래로 내려갔다. 슈퍼마켓맨은 아무 일 없었다는 듯 망토를 툭툭 털고 있었다. 노빈손은 가쁘게 숨을 내쉬며 땅바닥에 주저앉았다.

"헉, 헉, 진짜로 십 년 감수했어! 하나님 감사합니다! 이젠 착하게 살아야지!"

"그건 직접 떨어진 사람의 대사 같은데? 가로채지 말게."

슈퍼마켓맨이 태연자약하게 말했다. 안도감과 함께 뒤늦게 부아가 치민 노빈손이 발딱 일어났다.

"이게 무슨 무모한 짓이에요? 까딱했으면 큰일날 뻔……, 어라?"

길 위에 서 있는 슈퍼마켓맨의 옆으로, 아까 노빈손을 골탕 먹인 자동차가 달려와 섰다. 운

추락에서 살아남는 법

질량에 가속도를 곱하면 힘을 구할 수 있다. 높은 곳에서 떨어지면 점점 속도가 커지기 때문에 그만큼의 엄청난 힘을 가지고 있다. 이 힘을 가지고 땅에 부딪치면 작용 반작용 법칙에 의해 엄청난 충격을 받게 된다. 하지만 충격을 흡수해 줄 수 있는 푹신한 곳에 떨어지거나 중간에 나뭇가지 등에 걸려 떨어지는 속도가 늦춰지게 되면 충격을 좀 덜 받을 수 있다.

전석의 창문이 열리더니 흥거운 노랫소리가 흘러나왔다.

올백머리! 근육 빵빵! 슈퍼마켓맨~ ♪♬ 지구인의 친구, 슈퍼마켓맨~♩♪

"오, 트렌드봄버잖아! 자네도 이 근처에 있었군!"

슈퍼마켓맨은 자동차가 친구라도 되는 양 친근하게 말을 건넸다. 그 모습에 노빈손은 더욱 혼란스러워졌다. 자동차의 노래를 듣고 난 슈퍼마켓맨이 심각한 얼굴로 노빈손을 바라보았다.

"정말 이상한 일이군. 트렌드봄버도 오늘 아침부터 변신을 할 수가 없다고 하는데?"

"자동차는 원래 변신을 못해요."

"나는 하늘을 날 수가 없고, 노빈손맨은 기억을 잃었고, 트렌드봄버는 변신을 못 한다고? 도대체 슈퍼영웅들에게 무슨 일이 일어나고 있는 거지?"

"그만두세요. 전 그쪽과 같은 무리로 엮이고 싶지 않거든요?"

길 끝에서 걸어오던 중학생이 곁눈질로 슈퍼마켓맨의 옷차림을 힐끔거리며 옆을 스쳐 지나갔다. 슈퍼마켓맨의 노랗고 빨간 쫄쫄이 차림이 새삼스럽게 창피하게 느껴졌다. 노빈손은 그 중학생더러 들으라는 듯이 큰 소리로 이별을 고했다.

"어쨌든 별 일 없어서 다행입니다. 그럼, 안녕!"

모르는 사람인 척 지나쳐 가려는 노빈손의 어깨를 솥뚜껑만 한 슈퍼마켓맨의 손이 붙들었다.

"잠깐. 이 사태를 가볍게 보아서는 안 되네. 이건 절대로 우연이 아니야. 악당들의 거대한 음모가 벌어지고 있는 게 틀림

성층권에서 뛰어내린 사나이

2012년, 오스트리아의 펠릭스 바움가르트너는 지구의 대기권 중 성층권인 39,000m 정도의 높이에서 뛰어내렸다. 낙하산을 펴기 전까지 약 4.19초 동안 36,529m의 높이를 자유낙하 했고, 시속 1,342km의 속도로 떨어졌다. 이는 소리의 속도인 음속보다 빠른 것으로 총 낙하 시간은 10분여이다. 바움가르트너는 헬륨 풍선에 달린 캡슐에 타고 성층권까지 올라갔으며 낮은 기압과 온도, 음속을 통과할 때의 충격 등을 견딜 수 있는 우주복을 입었다.

34

없어."

"그러니까 저는 슈퍼영웅도 아니고 아무 상관없는……."

"결정했네! 지금 당장 마우스맨에게 찾아가 상담해 봐야겠어."

"마우스맨이요?"

슈퍼마켓맨은 노빈손이 빠져나갈 틈을 주지 않았다. 다짜고짜 노빈손을 트렌드봄버의 조수석에 몰아넣고 자신은 운전석에 앉았다. 그러더니 운전대를 잡지도 않고 천장을 향해 말했다.

"트렌드봄버, 마우스맨의 비밀기지까지 부탁하네!"

"꺄악, 왜 이러세요! 전 아니라니까요! 잠깐만요! 안전벨트라도 좀 맬게요."

필사적인 노빈손의 비명을 뒤에 남긴 채, 트렌드봄버는 기세 좋게 길 위를 달려가기 시작했다.

노빈손 일행을 스쳐 지나갔던 중학생이 먼 발치에서 그 모습을 바라보다 한숨처럼 중얼거렸다.

"아……, 모처럼 마주쳤는데 사인이라도 받아 둘걸."

하늘을 날고 싶으십니까?

나는 슈퍼마켓맨. 노빈손이 하늘을 나는 법을 알고 싶다고 해서 말이야.
이제부터 그 원리를 알려 주려고. 사실 어제까지만 해도 난 한 팔을 위로
뻗은 채 날고 싶은 쪽을 쳐다보기만 해도 날 수 있었어. 근데 오늘부터 갑자기
안 되네. 그래서 과학적으로 날 수 있는 방법을 좀 연구해 봤지.

● 비행기에 작용하는 힘들

비행기가 하늘을 날 때는 양력, 중력, 추력, 항력 등의 힘이 작용해. 먼저 양력이 생기
게 하려면 비행기는 아주 빠른 속도로 앞으로 나가야 해. 날개를 통과하는 공기의 흐
름이 무지 빨라져야 양력이 생기거든. 앞으로 나가는 힘은 추력이야. 비행기는 앞으로
나가면서 공기의 저항도 이겨내야 해. 이걸 항력이라고 하는데 추력과 반대 방향으로
작용해. 그러면 양력과 반대 방향으로 작용하는 힘은 뭘까? 그건 아래로 끌어당기는
힘이니까 바로 중력이야.

● 하늘을 날기 위해 가장 필요한 힘은 양력

하늘에 떠 있기 위해서는 양력이라는 힘이 제일 중요해. 양력이란 아래에서 위쪽으로
떠받치는 힘이야. 알다시피 지구상에 있는 모든 물체에는 아래로 잡아당기는 중력이
작용해. 그러니 하늘에 뜨기 위해서는 양력이 중력보다 커야 하지. 그럼 이 양력을 어
떻게 만들어야 할까?
양력을 만드는 비밀은 비행기 날개의 모양에 있어. 비행기 날개는 대체로 아래쪽은 평

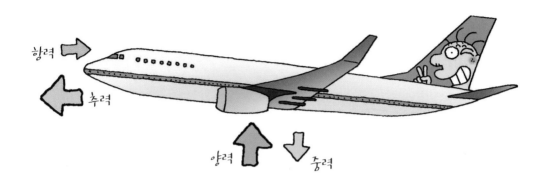

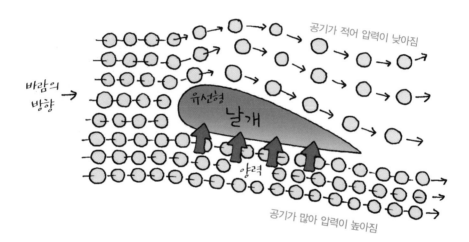

평한데 위쪽은 볼록했다가 완만해지는 둥근 모양이야. 이걸 유선형이라고 하지.

비행기가 활주로에서 앞으로 빠르게 달리면 날개 위쪽의 공기는 아래쪽의 공기보다 더 빠르게 흘러. 빠르게 흐르는 만큼 위쪽의 공기의 양은 아래쪽의 공기보다 적어져.

적어진다는 건 압력이 낮아진다는 말이야. 그런데 물질은 압력이 높은 곳에서 낮은 곳으로

활주로

이륙할 수 있을 만큼 충분한 가속도를 얻기 위해서 비행기는 직선으로 쭉 달려야 한다. 이륙하기 위해서는 약 250~300km/h의 속도가 필요하다. 1분에 4km 넘게 달려야 하는 것이다. 이륙하기까지 달려야 하는 거리와 착륙하고 멈춰 서기까지 달려야 하는 거리를 감안해서 공항에는 아주 긴 활주로가 있다. 인천공항의 활주로는 3,750~4,000m이다.

이동하려고 해. 그러니 날개 아래쪽 공기는 압력이 낮은 위쪽으로 올라가려고 하겠지? 날개를 떠받치는 힘인 양력이 생기는 거야. 양력이 생기기 시작할 때 조종사는 비행기의 앞머리를 들어 올려. 이제 하늘을 나는 거지.

● 헬리콥터는 어떻게 날까?

의문이 생겼어. 그럼 헬리콥터는 어떻게 바로 위로 뜨는 거지? 물론 나는 그 비밀도 알아. 헬리콥터는 위에 날개가 여러 개 달려 있어. 유선형은 아니지만 보통 비행기의 날개보다는 가늘고 긴 날개야. 헬리콥터는 이 날개들을 빠르게 빙글빙글 돌려서 양력과 추력을 얻어. 각각의 날개가 양력을 많이 얻을 수 있게 설계돼 있거든. 그래서 헬리콥터는 일반 비행기와는 다르게 제자리에서 뜬 다음 앞으로 나가지. 앞으로 나갈 때는 날개 전체를 앞으로 기울이면 돼.

헬리콥터

● 우주선은 어떻게 날까?

우주선은 엄청난 추력으로 하늘에 뜨는 거야. 우주선 발사 장면을 본 적이 있어? 우주선은 로켓에 실려 하늘로 쏘아 올려져. 로켓이 엄청난 고압가스와 열을 아래로 내뿜으면 이에 대한 반작용으로 위로 뜨는 힘이 발생해.

로켓은 우주선이 지구 대기권 밖으로 나갈 수 있을 정도로만 추력을 준 다음, 우주선에게서 분리돼서 지구의 바다 같은 곳으로 떨어져. 일단 우주로 나

로켓의 추력으로 발사되는 우주선
❶ 우주선에서 분리되는 로켓 ❷ 우주로 나가는 우주선

간 우주선은 힘을 공급받지 않아도 관성의 법칙에 따라 계속 앞으로 나갈 수 있어.

● 맨몸으로 하늘을 날 순 없을까?

그냥 날아다니다가 비행기를 이용하려니 영 폼이 안 나. 맨몸으로 날 수는 없는 걸까? 근데 그건 불가능하대. 사람들은 새가 아니니까.

새는 날개를 위아래로 펄럭여서 하늘을 날 수 있는 양력과 추력을 얻어. 그리고 새는 뼈 속도 비어 있고, 몸 안에는 공기주머니도 있어서 날개에 비해 무게가 가볍지.

사람의 무게를 감당할 수 있는 양력을 만들 만한 거대한 날개를 만들기는 아마 무척 어려울 거야. 게다가 사람은 그 거대한 날개를 움직일 수 있는 힘을 가지고 있지도 않아. 그래서 양력과 추력을 낼 수 있는 기계의 도움을 받아야 하지.

2장

마우스맨의
비밀기지

달려라, 트렌드봄버

노빈손과 슈퍼마켓맨을 태운 자동차, 아니 트렌드봄버는 어느덧 국도를 벗어나 고속도로로 접어들었다. 슈퍼마켓맨이 천장을 향해 말했다.

"트렌드봄버, 준비됐나? 음속으로 달려! 단숨에 마우스맨의 집으로 가는 걸세!"

오케이~♪

"자… 잠… 잠깐! 스톱!"

노빈손이 기겁해서 양손으로 슈퍼마켓맨의 망토를 붙들었다.

"왜 그러나?"

"음속으로 달린다고요?"

"그렇네. 트렌드봄버는 변신로봇이야. 음속으로 달리는 것쯤 기본일세."

"아니, 이 자동차, 아니 트렌드봄버의 모양으로 보아 무리라고 생각하지만, 설령 가능해도 그만두세요. 다른 차들도 달리는 이런 도로에서 음속이라니! 소닉붐이 일어나면 대형 사고가 나요."

"소닉붐? 그건 또 어떤 슈퍼파워의 이름인가?"

답답해진 노빈손이 가슴을 쾅쾅 쳤다.

"음속을 돌파하는 순간 발생하는 폭발음 말이에요. 비행기가 빠르게 날 때 주변 공기가 옆으로 밀려나면서 공기 파동이 여러 개 생겨 주변으로 퍼져 나가게 돼요. 이 파동은 소리와 비슷한 속도로 퍼져 나가는데 비행기가 음속으로 날면 이 파동을 따라잡아요. 그럼 공기 파

자동차가 음속을 돌파하려면?

음속은 소리의 속도로 1초에 340m(약 1,224km/h)를 갈 수 있으며, 마하로 표시한다. 음속보다 빠른 속도를 내는 것을 초음속이라 하는데 마하 2는 2배의 음속이다. 영국에서 개발된 초음속 자동차 블러드하운드는 공기 저항을 최소화하기 위해 뾰족한 유선형의 몸체로 디자인됐으며 전투기 엔진에 로켓 엔진까지 장착했다. 또한 차체는 가볍고 튼튼한 탄소 섬유와 알루미늄으로 이루어져 있다. 마하 1.5(약 시속 1,600km) 정도의 속도를 내는 것을 목표로 한다고 한다.

동들이 비행기를 중심으로 원뿔 모양으로 뭉쳐서 압력이 주변보다 급격히 높아지게 돼요. 그러다가 강한 충격파가 발생하죠. 그걸 소닉붐이라고 해요."

멍한 눈으로 노빈손의 말을 듣고 있던 슈퍼마켓맨이 되물었다.

"지금 무슨 주문 외운 건가?"

"소닉붐이 뭔지 설명한 거잖아요! 여튼, 혼자 달리는 길이 아니니까 멋대로 속도를 냈다간 큰일 나요. 당장 그만두……."

위~이잉!

노빈손의 일장 연설은 갑자기 창밖에서 들려온 경찰차의 사이렌 때문에 끊기고 말았다. 곧이어 경찰차에서 확성기 소리가 울려 퍼졌다.

"거기 분홍색 자동차, 멈추세요! 갓길에 차 세우세요!"

노빈손이 걱정스런 시선으로 슈퍼마켓맨을 쳐다보았다. 운전석에 앉은 슈퍼마켓맨의 얼굴이 허옇게 질려 있었다.

"아니, 이거 내가 운전하는 게 아닌데? 트렌드봄버가 알아서 움직이고 있는 건데……"

"운전석에 앉아 있는 사나이라면 비겁한 변명은 그만두세요. 음속으로 달리자고 부추긴 건 슈퍼마켓맨이잖아요."

트렌드봄버가 경찰차의 유도에 따라 얌전히 갓길에 정지했다. 슈퍼마켓맨이 고양이 앞에 선 생쥐 같은 표정으로 경찰차 앞에 내려섰다. 딱딱하게 굳은 얼굴을 한 교통경찰이 그에게로 다가왔다. 슈퍼마켓맨이 먼저 입을 열었다.

"저, 죄송합니다. 서두르다 보니 그만."

교통경찰의 눈꼬리가 치켜올라갔다.

"서두르고 있었다고요?"

"네, 그렇습니다……. 급한 용무가 있어서요. 한 번만 봐주시면 안 될까요? 다시는 음속으로 달리지 않겠습니다! 전 스낵붐이 뭔지도 몰라서……"

"소닉붐이에요."

노빈손이 창가에서 작게 속삭였다. 허리를 깊게 숙인 채 필사적으로 변명하는 슈퍼마켓맨의 말을 듣던 교통경찰의 표정이 더욱 일그러졌다.

"음속이라고요?"

"네……. 스낵붐인지, 소닉붐인지, 뭔지가 많이 강했나요?"

"도대체 무슨 소리를 하시는 건지 모르겠네요."

그제야 슈퍼마켓맨이 고개를 들었다.

"네?"

교통경찰이 혀를 끌끌 찼다.

"너무 느려요."

"느리다뇨?"

"말 그대로입니다. 너무 느리게 달리신다고요. 고속도로에서 시속 55km로 달리면 어떡합니까? 다른 차들과 속도가 안 맞아 위험하잖아요."

슈퍼마켓맨과 노빈손이 입을 쩌억 벌렸다. 교통경찰이 들고 있던 펜 끝으로 머리를 긁었다.

"뭐, 규정을 어긴 건 아니니까 오늘은 주의만 드리겠지만. 초보이신가 본데, 그래도 주위 흐름 좀 보면서 달리세요!"

"아!"

멍하니 서 있는 슈퍼마켓맨과 노빈손을 남겨둔 채, 교통경찰을 태운 자동차는 제 갈길로 달려가 버렸다. 슈퍼마켓맨이 무릎을 털썩 꿇었다.

"헉헉. 아슬아슬했다."

새파래진 얼굴로 심호흡하는 슈퍼마켓맨을 안쓰러운 눈으로 바라보던 노빈손이 조용히 한마디 했다.

"그렇게까지 겁먹을 건 없잖아요."

"아냐, 난 운전면허가 없거든. 만일 면허증 보여 달라고 했으면……."

"그런 문제였단 말이에요?"

가슴을 쓸어내리던 슈퍼마켓맨이 퍼뜩 고개를 들었다.

"그나저나 어떻게 된 겐가? 빠른 것도 아니고 느리다니! 시

속력을 측정하는 방법

소방차의 사이렌 소리는 가까이 올수록 높은 음으로 들리고 멀어질수록 낮은 음으로 들린다. 소리의 주파수는 관측자와 가까울수록 높게, 멀어질수록 더 낮게 관측되기 때문이다. 강물에 돌을 던져 보면 돌을 던진 근방에는 물결 무늬가 빽빽하지만 퍼져 나갈수록 사이가 넓어지면서 듬성듬성해진다. 소리의 파동도 마찬가지인데 이걸 도플러 효과라고 한다. 속력을 측정하는 스피드건에서는 레이저가 발사된다. 도플러 효과에 따라 차에서 반사되어 오는 레이저의 주파수가 변하는 정도를 측정하여 속력을 계산하는 것이다.

속 55km라고? 트렌드봄버가?"

트렌드봄버에게서 경적 소리가 빵빵 울려 나왔다. 경적 주제에 이상하게 기운 없는 음색이었다. 이어서 노랫소리가 들려왔다.

이상해~♪ 속도를 낼 수 없어~♬ 철마는 달리고 싶은데~♪

"뭐라고? 그럴 수가! 배탈이라도 났는가?"

상대가 자동차라는 사실을 완벽하게 무시하는 슈퍼마켓맨의 진단에, 노빈손이 고개를 설레설레 저으면서 끼어들었다.

"그럴 리가 없잖아요. 자동차가 음속으로 달릴 수 없는 건 아니지만, 그런 건 속도만을 위해서 제작된 특수 자동차가 아니면 불가능하다고요. 이 차의 모양이나 엔진으로는 그렇게 못 달려요. 하긴, 아무리 그래도 시속 55km는 너무 심하게 느려터진 게 아닌가 싶지만…… . 좀 낡았어야지."

빠앙~ 빠앙~.

노빈손이 중얼거리는 소리를 묻어 버리려는 듯 트렌드봄버에서 경적 소리가 연이어 터져 나왔다. 꼭 아이들이 울음보를 터뜨릴 때 내는 소리 같았다. 슈퍼마켓맨이 황급히 본네트를 두드렸다.

"진정하게, 트렌드봄버! 지금 변신이 안 된다며? 음속 주행도 마찬가지인 모양일세. 그 원인을 알아내기 위해 마우스맨한테 가는 길이 아닌가. 거기까지만 가면 해결될 걸세. 조금만 참게나."

슈퍼마켓맨의 말이 통했는지 트렌드봄버의 경적 소리가 조금씩 잦아들었다. 그제야 어깨의 긴장을 푼 슈퍼마켓맨이 노빈손에게로 돌아섰다.

간단한 자동차의 역사

15세기 르네상스 시대의 과학자 레오나르도 다 빈치는 1450년 태엽이 풀리는 힘으로 달리는 자동차를 스케치로 남겼다. 1750년에는 영국의 제임스 와트가 증기 기관을 발명했고 1769년 프랑스의 퀴노가 증기 엔진을 장착한 3륜차를 만들었다. 그 뒤 1820~1840년대에 증기 자동차가 본격적으로 등장했고 독일에서 1885년에는 가솔린 자동차가, 1922년에는 디젤 자동차가 발명되었다. 현대에는 환경오염 문제 극복을 위해 전기나 수소를 연료로 달리는 자동차가 개발되고 있다.

"트렌드봄버도 진정된 모양이니, 이제 갈까?"

슈퍼마켓맨은 한결 밝은 표정으로 운전석에 올랐다. 그런 그에게 노빈손이 말했다.

"어떻게 가려고요?"

"음? 무슨 소린가?"

"트렌드봄버의 최고 속도가 시속 55km잖아요. 그럼 고속도로는 못 달리는 것 아니에요? 가다가 또 경찰한테 붙잡히면 어떡해요?"

빠빠앙~!

또다시 트렌드봄버에게서 경적 소리가 튀어나왔다. 화난 듯한 소리였다. 시끄러운 소음에 저도 모르게 몸을 움츠린 노빈손에게 슈퍼마켓맨의 질책이 쏟아졌다.

"노빈손맨, 그 무슨 폭언인가! 겨우 트렌드봄버를 달래 놨더니만!"

"죄송해요. 트렌드봄버가 듣고 있다는 사실을 깜빡 했어요……. 그나저나, 어떻게 갈 생각인데요?"

잠시 침묵하던 슈퍼마켓맨이 모든 것을 체념한 목소리로 중얼거렸다.

"국도로 가야지, 뭐……."

🐭 마우스맨의 등장

우여곡절 끝에 일행이 찾아간 곳은 어느 한적한 산길이었다. 산길 중턱에 펜스가 쳐져 있는 곳에 이르자, 펜스 위의 빨간 불빛이 켜지면서 펜스가 자동으로 열렸다. 들어가니 곧 시커멓게 입을 벌린 터널이 일행을 삼켰다. 곧이어 트렌드봄버의 시동음이 꺼졌고, 터널 안의 도로 전체가 아래로 내려가기 시작했다. 놀란 노빈손이 허둥댔다.

"뭐, 뭐예요?"

"아 참, 자넨 기억을 잃었었지. 여긴 마우스맨의 비밀 기지라네."

옆에 앉아 있던 슈퍼마켓맨이 태연하게 대답했다.

"비밀 기지요?"

"응. 이 산 내부 전체가 거대한 기지로 되어 있지."

"산 전체가 기지인데 '비밀'이 가능해요? 근처 사람들이 눈치를 전혀 못 챈단 말이에요?"

"산림 공무원들에게 뇌물을 잔뜩 뿌렸거든."

"그건 범죄잖아요!"

"걱정 말게. 마우스맨은 엄청난 갑부니까. 주가 조작으로 엄청나게 돈을 벌어서 말이야."

"그것도 범죄예욧!"

슈퍼마켓맨과 노빈손이 투닥거리는 사이, 아래로 하강하던 터널이 어둠 속에서 정지했다. 트렌드봄버가 전조등을 번쩍

트렌드봄버는 왜 로봇으로 변신할 수 없을까?
자동차가 거대 로봇으로 변신할 수 있을까? 그러기 위해서 자동차의 몸체와 부품 하나하나가 모두 해체되어 재조립되는 과정을 거쳐야 한다. 거대 로봇을 만들려면 그만한 양의 부품을 자동차 안에서 모두 구할 수 있어야 한다. 트렌드봄버의 크기로는 거대 로봇으로 변신할 수 없다. 게다가 자동차와 로봇의 기능에는 많은 차이가 있어서 자동차의 부품을 그대로 가져다 로봇을 위한 부품을 만들기란 어렵다. 거대한 부품들을 스스로 정리해서 조립할 수 있는 힘을 낼 수 있는 엔진을 만드는 것도 아직까지의 과학 기술로는 불가능하다. 과학자들의 연구가 계속되고는 있지만 거대 로봇이 아닌 소형 로봇 대상이다.

켰고 슈퍼마켓맨이 차 문을 열었다.

"그럼 트렌드봄버, 우린 제어실로 가 보겠네."

사랑만 남겨 놓고 떠나가느냐 ~ 얄미운 사람~♪

트렌드봄버가 항의하는 것처럼 전조등을 깜박거렸다. 슈퍼마켓맨이 어깨를 으쓱했다.

"어쩔 수 없잖나. 자네 덩치론 제어실 문을 통과할 수 없으니까. 여긴 제어실과 스피커로 연결되어 있으니 얼마든지 서로 대화할 수 있다네. 가지, 노빈손맨."

슈퍼마켓맨은 이곳이 익숙한지 전혀 망설임 없는 걸음걸이로 앞서서 성큼성큼 나아갔다. 노빈손이 그 뒤를 쫓아가면서 물었다.

"저 자동차는 모든 대화를 노래로밖에 못하나요?"

"아닐세, 로봇으로 변신하면 그냥 말할 수 있네. 그런데 변신이 불가능하다지 않은가. 도대체 우리들한테 무슨 일이 일어난 건지 모르겠군."

슈퍼마켓맨이 어느 한 지점에 멈춰 서자, 벽으로 보이던 곳이 자동문처럼 소리 없이 스르릉 열렸다. 곧 온갖 모니터와 용도 모를 기기들로 가득 찬 방이 두 사람 앞에 펼쳐졌다.

방 중앙에 등을 돌린 채 놓여 있는 커다란 가죽 의자가 보였다. 노빈손과 슈퍼마켓맨이 들어서자 등 뒤에서 자동문이 닫혔다. 가죽 의자가 노빈손 쪽으로 빙글 돌았다.

검은 복면과 슈트로 온몸을 감싼 사나이가 의자에 앉아 있었다. 복면 때문에 나이를 추정하기 어려웠지만, 몸에 착 달라붙은 검은 슈트로 보건대 상당히 좋은 체격이었다. 복면 아래 드러난 입가에는 빈정거리는 미소가 희미하게 걸려 있었다.

'휴, 그나마 노랗고 빨간 슈퍼마켓맨보다는 좀 나은 옷차림인 것 같네.'

그렇게 생각한 노빈손은 남몰래 안도의 한숨을 쉬었다. 그러나 검은 사내가 의자에서 몸을 일으킨 순간, 검은 가죽 의자의 등받이에 가려 잘 보이지 않던 장식이 드러났다. 미키 마우스처럼 동그랗고 검은 귀가 그의 복면 위에 붙어 있었던 것이다. 노빈손의 얼굴에 다시 그늘이 깔렸다.

'방금 생각한 거 취소! 취소!'

"이것 참 갑작스런 방문이군, 슈퍼마켓맨. 트렌드봄버와 노빈손맨까지 대동하고. 무슨 일이지?"

마우스맨은 그렇게 말하면서 슈퍼마켓맨과 노빈손 앞으로 다가왔다. 슈퍼마켓맨이 어두운 얼굴로 입을 열었다.

"긴급 사태라네, 마우스맨. 아무래도 이 도시에서 악당들이 거대한 음모를 꾸미기 시작한 것 같으이."

그렇게 말을 시작한 슈퍼마켓맨은 트렌드봄버의 변신 불가, 자신의 비행 불가, 노빈손맨의 기억 불가까지 모두 설명했다. 아무 말 없이 잠자코 듣던 마우스맨은 슈퍼마켓맨의 말이 끝나자마자 콧방귀를 뀌었다.

"흥, 난 또 뭔가 했네. 언젠가 이런 날이 올 줄 알았어. 고작 알량한 슈퍼파워만 믿고서 설쳤으니 자업자득이야. 악당들에게 허를 찔릴 만도 하지."

"뭐예요? 아저씨, 말이 너무 심하잖아요!"

옆에서 듣고 있다가 발끈한 노빈손이 마우스맨에게 항의했다. 그러나 마우스맨은 노빈손의 말을 깡그리 무시했다.

"슈퍼파워고 뭐고 다 소용없어. 역시 돈이 최고라고! 네 녀석들이 같잖은 슈퍼파워 좀 있다고 잘난 척하고 다닌 대가를 지금 치르는 거야, 하하하하!"

'뭐야? 이 마우스맨이라는 사람, 정말 슈퍼영웅 맞아? 악당 아니야?'

그렇게 생각한 노빈손이 주먹을 불끈 쥐었을 때였다. 사람 좋은 얼굴로 마우스맨의 폭언을 듣고 있던 슈퍼마켓맨이 조심스럽게 말을 꺼냈다.

"설마 자네, 아직도 그때 일로 꽁해 있는 건가?"

"그런 거 아니야!"

"그때 일은 사과했잖은가. 이제 그만 잊어버리고……."

"그런 거 아니라니까!"

마우스맨이 팩 토라지며 몸을 휙 돌렸다. 상황이 좀 이상하게 돌아간다 싶었던 노빈손이 슈퍼마켓맨에게 소곤거렸다.

"슈퍼마켓맨, 그때 일이 뭔데요?"

"마우스맨을 놀린 거 말이야. 슈퍼파워 대신 돈으로 모든 걸 처리하니, 슈퍼영웅이 아니라 돈 영웅으로 불러야 한다고."

"그런 말을 했어요? 슈퍼마켓맨, 실망이에요. 친구 사이에도 예의는 지켜야죠!"

"무슨 소리야? 그 말은 내가 한 게 아니야. 바로 자네가 그랬잖아."

"……."

노빈손은 식은땀을 삐질삐질 흘리면서 자신의 머릿속을 더듬어 보았지만 그런 기억이 떠오를 리 만무했다. 마우스맨이 노빈손과 슈퍼마켓맨을 찌릿 흘겨보았다.

"애초에 나 같은 사람이 너희들 같은 소시민들을 상대하는 것 자체가 말이 안 돼! 슈퍼마켓에서 아르바이트하는 노총각과 백수 대학생이라니! 나처럼 완벽하고 고상한 재벌 2세와 비교하면 격이

스피커에서는 어떻게 소리가 날까?

자석의 두 극 사이에 전선을 놓고 이 전선을 움직이면 전기가 만들어진다. 반대로 이 전선에 전기를 통하면 전선이 움직인다. 마이크 속 장치에서는 자석의 두 극 사이에 있는 코일이 소리의 진동에 의해 떨려 전기를 만들어 내고, 이 전기가 스피커 속 장치에 있는 자석의 두 극 사이에 있는 코일을 움직이면 코일과 연결된 진동판이 떨리면서 소리를 내는 것이다.

너무 떨어진다고."

"슈퍼마켓맨……, 설마 정말로 슈퍼마켓에서 일하고 있었어요?"

노빈손이 묻자 슈퍼마켓맨이 뒤통수를 슥슥 긁었다.

"응. 평소에는 정체를 숨기고 계산대에서 일해. 생활비를 벌어야 하거든."

광화문 사거리의 비상경보

"뭐야? 노빈손맨. 너 정말로 기억을 다 잃어버린 거냐?"

마우스맨이 놀란 눈으로 노빈손을 보며 말했다.

순간 노빈손은 뭐라고 대답해야 할지 알 수 없어 잠시 우물거렸다. 물론 지금도 슈퍼영웅으로서의 기억 따윈 손톱만큼도 갖고 있지 않다. 그러나 '노빈손맨'을 안다는 이가 세 명째(트렌드봄버까지 포함한다면) 나타나니 스스로도 헷갈리기 시작했던 것이다.

'이게 뭐지? 설마 내가 정말로 기억 상실증에 걸린 슈퍼영웅인 거야? 하지만 내 기억은 멀쩡하게 다 있는데! 무인도에 떨어지고, 미래로 날아가고, 별의별 나라로 시공 여행을 다니고, 심지어 우주에까지 다녀왔지만, 그 온갖 사건들 중에서 슈퍼영웅으로 활동한 기억은 없다고! 절대! 아니면 정말로 누군가에 의해 내 기억이 조작된 걸까?'

노빈손이 혼란스러워하는 것을 눈치챘는지 슈퍼마켓맨이 노빈손의 어깨를 살며시 붙들었다. 그러더니 마우스맨을 향해 입을 열었다.

"마우스맨, 노빈손맨은 기억을 잃어버려서 심경이 복잡한 상태일 것이네.

다그치지 말아 주게나. 지금은 이 일련의 사건을 꾸민 자가 누구인지 잡아내는 게 더 중요하지 않은가. 자네의 정보력으로 힘을 써 주게."

슈퍼마켓맨의 따뜻한 목소리가 머리 위에서 들려왔다. 노빈손은 저도 모르게 그렁그렁한 눈으로 슈퍼마켓맨을 올려다보았다.

'이 아저씨, 정말 좋은 사람이다……'

슈퍼마켓맨은 온화한 미소를 지으며 말을 이었다.

"가진 건 돈뿐인 자네가 사건 해결에 공을 세울 좋은 기회이지 않은가."

'……방금 한 생각 취소.'

슈퍼마켓맨의 미소를 정면에서 바라보던 마우스맨이 빠득 이를 갈았다.

"넌 항상 그렇게 천연덕스럽게 사람 속을 긁더라."

"응? 내가 무슨 말을 했다고?"

"됐어. 어차피 범인이 누구일지는 뻔하니까."

그렇게 말한 마우스맨은 수많은 모니터 앞으로 가서 자판을 두들기기 시작했다.

"뭐? 자네는 이미 범인을 알고 있단 말인가?"

"당연하지. 이런 교묘하고 지능적인 수법. 한 사람밖에 생각할 수 없어."

어쩐지 아들을 대견해하는 엄마 같은 미소가 마우스맨의 얼굴에 떠올랐다.

"내 숙적인 초커! 그놈 같은 악당 말고는 이런 대담한 짓을 벌이는 녀석이 있을 리 없지."

"그래? 난 다르게 생각하는데."

슈퍼마켓맨이 마우스맨의 말을 막았다.

슈퍼영웅들은 왜 딱 달라붙은 옷을 입는가?

슈퍼맨, 배트맨, 캣우먼, 스파이더맨 등 슈퍼영웅들은 대개 신축성이 좋은 스판으로 만든 옷을 입는다. 딱 달라붙게 옷을 입는 이유는 일단은 먼저 보이기 위해서다. 그다음은 아마 빠르게 날거나 움직이기 위해서일 것이다. 수영, 사이클, 스피드 스케이팅, 육상 등 빠른 속도를 겨루는 스포츠에서는 공기나 물의 저항을 줄이기 위해 표면에 특수 처리가 돼 있으며 딱 달라붙는 전신 운동복을 이용한다. 특히 전신 수영복에는 리블렛이라는 미세한 돌기 모양을 넣었다. 물이 물체의 표면을 스치면서 생기는 수많은 소용돌이를 줄이기 위해서다.

"범인은 내 숙적인 루토 박사임에 틀림없네! 거대한 음모를 꾸미기 좋아하는 그자가 시도할 만한 사건이야. 워낙에 탐욕스럽거든."

"거짓말 마. 루토가 어떻게 이런 짓을 벌여? 고작 땅 투기꾼인 주제에."

"뭣이? 자넨 루토의 사악함을 과소평가하고 있어! 땅 투기가 얼마나 사람들에게 큰 고통을 주는지 알아? 쥐꼬리만 한 월급에 모든 희망을 걸고 살아가는 서민들에게는……."

그러자 마우스맨이 발끈해서 외쳤다.

"쥐꼬리라는 표현 쓰지 마! 쥐꼬리가 어디가 어때서 그래! 그러는 너야말로 초커가 얼마나 큰 폭탄을 터뜨리고 다니는지 알아? 이~렇게, 이~렇게 큰 폭탄인데……."

급기야 슈퍼마켓맨과 마우스맨은 자신의 숙적이 얼마나 사악하고 교활한지를 주장하며 말다툼을 벌이기 시작했다. 얼핏 들으면 마치 자랑하는 것 같았다.

홀로 방치된 노빈손은 멍하니 모니터들을 하나하나 바라보았다. 거리에 어찌나 많은 감시 카메라가 설치되어 있는지, 보기만 해도 눈이 빙글빙글 돌아갈 지경이었다. 수많은 사람들이 갈 길을 재촉하며 카메라 앞을 지나다니고 있었다.

'끄응, 이건 도둑 촬영이잖아. 이것도 범죄인데…….'

그때였다.

위잉~ 위잉~.

모니터 몇 개가 붉은빛을 발하면서 날카로운 소리를 내기 시작했다. 노빈손의 시선이 그

기억 상실증은 어떻게 생기는가?
보통 뇌에 심각한 손상을 입으면 생긴다. 뇌손상 후에 새로 습득한 정보를 기억하지 못하는 진행성 기억 상실증이 있고 과거의 일을 기억하지 못하는 역행성 기억 상실증이 있다. 뇌가 얼마나 많은 손상을 받았는지에 따라 짧게는 몇 분에서부터 길게는 몇 년간의 일까지 기억하지 못할 수 있다. 기억은 가까운 과거부터 점차 돌아온다. 역행성 기억 상실증은 영화나 드라마에서 흔히 나오는 기억 상실증이다.

곳에 꽂혔다. 한참 큰 소리를 내며 투덕거리던 두 남자도 입을 다물고 화면을 주목했다.

마우스맨이 얼굴을 찌푸리며 중얼거렸다.

"광화문 사거리에서 비상경보라……. 뭔가 심상치 않은 일이 발생했군."

슈퍼마켓맨이 양 주먹을 맞부딪치면서 외쳤다.

"좋아! 당장 출동한다!"

"하늘도 못 날면서 출동해서 뭘 어쩌겠다는 거야?"

마우스맨이 빈정댔지만 슈퍼마켓맨은 눈빛 하나 흔들리지 않았다.

"무슨 소리! 중요한 것은 슈퍼파워가 아니야. 정의로운 마음만 있다면 어떻게든 해결책은 나오는 법이네!"

"호오."

"가령 돈으로 때우는 자네 같은 사람을 이용한다든가."

"너! 끝까지!"

벌컥 화를 내는 마우스맨을 무시한 채, 슈퍼마켓맨이 몸을 돌려 노빈손의 어깨를 잡았다.

"노빈손맨, 출동이다!"

"엑? 나도? 우아아악!"

노빈손은 슈퍼마켓맨의 손아귀에 붙들린 채 반쯤 끌려 나가다시피 하며 제어실을 나갔다. 바깥에서 트렌드봄버가 부르릉거리는 소리를 들은 마우스맨이 뒷통수를 벅벅 문질렀다.

"하여간 막무가내라니까."

그렇게 중얼거린 마우스맨은 두 사람의 뒤를 따르듯이 서둘러 트렌드봄버를 향해 달려갔다.

슈퍼마켓맨, 트렌드봄버, 그리고 노빈손맨까지 모두 슈퍼파워를 잃어버렸어. 나? 나 마우스맨은 물론 잃어버릴 리가 없지. 내 슈퍼파워는 돈이니까. 암튼 저 친구들을 챙기려니 아주 귀찮아 죽겠어. 게다가 머리 쓸 사람도 나밖에 없다고. 자동차 추격전에서 속도를 계산할 사람도 나밖에 없고. 그런데 속도가 뭐냐고? 지금부터 설명해 줄게.

◉ '빠름'의 정의

빠르다는 게 뭘까? 빠르다는 건 일정한 시간 동안에 이동한 거리가 더 많다는 뜻이야. 이걸 '속력'이라고 해. 예를 들어 악당의 차는 1분 동안 500m를 달리는데, 트렌드봄버는 1분 동안 600m를 달린다면 누구의 속력이 더 빠르겠어. 당연히 더 많이 이동한 트렌트봄버야. 속력은 이동한 거리를 걸린 시간으로 나누어 나타낼 수 있어. 속력은 1초당 이동한 거리(초속, m/s 또는 km/s), 1분당 이동한 거리(분속, m/m 또는 km/m), 1시간당 이동한 거리(시속, m/h 또는 km/h) 등으로 나타낼 수 있지. 1분 동안 600m를 달렸다면 600÷1=600m이니까 속력은 분속 600m(600m/m)가 되는 거야. 분속 600m를 초속으로 나타내 볼까? 1분은 60초이니까 600÷60= 10m, 즉 초속 10m(10m/s)가 되는 거야. 시속을 구하자면 1시간은 60분이니까 600×60 =36,000m, 즉 시속 36km(36km/h)로 나타낼 수 있어.

◉ 속력과 속도의 차이

알다시피 초능력을 잃어버린 트렌드봄버는 그렇게 빠르지 못하잖아? 악당의 차를 따돌리려면 옆길로 샐 수도 있어. 이리저리 헤매도 크루소 박사의 연구소에만 도착하면

목적지까지 실제 움직인 거리

100km

목적지까지 직선 거리

50km

상관없으니까. 이럴 때 빠르기는 어떻게 측정하는 걸까? '속도' 개념이 필요해. 속도는 방향을 고려해야 해. 만약 크루소 박사의 연구소까지 트렌드봄버가 2시간 동안 100km를 움직였다고 해 봐. 하지만 크루소 박사의 연구소까지의 직선 거리는 50km야. 속도에서는 목표 지점까지의 직선 거리만을 따져. 거기까지 가는데 걸린 시간으로 직선 거리를 나눠야 하는 거지. 이 경우 트렌드봄버의 속도는 50÷2=25km, 즉 시속 25km(25km/h)가 되는 거야.

그런데 트렌드봄버의 속력은 어떻게 될까? 걸린 시간으로 실제 움직인 거리를 나누면 돼. 100÷2=50km이므로 속력은 시속 50km(50km/h)가 되는 거지.

속력과 속도를 헷갈리지 마!

● 가속도란 무엇일까?

이런! 겨우 악당을 따돌렸다 싶었는데 그만 정지 신호에 걸려 버렸어. 우리는 공공질서를 잘 지켜야 하는 슈퍼영웅들이니까 당연히 멈춰야지. 트렌드봄버는 점점 속력을 줄이다가 멈췄어. 그리고 신호가 바뀌자 점점 속력을 높여서 달렸지. 사실 물체가 속도를 일정하게 유지하는 경우는 거의 없어. 빨라지기도 하고 느려지기도 하지. 이걸

'가속도'라고 해. 즉 가속도는 시간에 따른 속도의 변화를 말하는 거야. 가속도가 크다는 건 정해진 시간 동안 속도의 변화가 크다는 것이고, 가속도가 작다는 건 정해진 시간 동안 속도의 변화가 작다는 거야. 가속도를 크게 내리려면 아무래도 트렌드봄버에게 슈퍼 엔진을 장착해 줘야겠어.

◉ 순간속력과 평균속력

지금은 달달거리는 자동차지만, 이래 봬도 트렌드봄버는 서울에서 부산까지 15분 만에 갈 수 있는 순간속력도 낼 수 있어. 순간속력이 뭐냐고? 말 그대로 바로 그 순간의 속력이야. 순간속력을 알려면 그때그때 자동차의 속력계를 보면 돼.
여기서 문제! 트렌드봄버는 순간속력이 시속 100km에서 시속20km, 50km로 바뀌며 1시간에 60km를 움직였어. 트렌드봄버의 '평균속력'은 어떻게 구할까?
지금 혹시 순간속력들을 다 더해서 나눠보고 있는 건 아니겠지. 평균속력은 그게 아니야. 그냥 걸린 시간으로 이동한 거리를 나누면 돼. 평균속력은 시속 60km(60km/h)가 되는 거지. '평균속도'는 목적지까지의 직선 거리를 걸린 시간으로 나누면 되고. 사실 평균속력과 평균속도는 그냥 속력과 속도라고 해도 돼.

◉ 상대속도

악당들의 자동차가 가속도를 높였나 봐. 트렌드봄버와 나란히 달리고 있어. 그런데 옆 창문으로 보니까 악당들의 자동차가 멈춰 있는 것처럼 보여. 왜 그럴까? 내가 움직이는 자동차 안에서 옆 자동차를 보고 있기 때문이야. 내가 상대방보다 빠른 속도로 움직인다면 상대방이 뒤로 움직이는 것처럼 보이고, 반대로 내가 상대방보다 느리다면 상대방이 앞으로 빠르게 움직이는 것처럼 보이지. 이걸 '상대속도'라고 해. 그러니까 내가 본 악당들의 상대속도는 악당들의 자동차의 속도에서 트렌드봄버의 속도를 빼면 구할 수 있어. 트렌드봄버의 속도가 더 빠르다면 악당들의 속도는 ─가 되는 거지.

상대속도 = 상대방의 속도 − 나의 속도

트랜드봄버의 가속도 교실

다들 내가 변신 능력을 잃어버린 걸
걱정하지만 사실 내가 제일 불편한 건
가속도를 마음대로 할 수 없다는 거야.
그런데 가속도에도 여러 종류가 있더라고.
한번 같이 알아볼까?

◎ 등속도 운동

물체가 일정한 속도로 움직일 때 등속도 운동을 한다고 해. 속도의 변화가 없으므로
가속도는 0인 거지. 등속도 운동은 관성의 법칙에 따른 운동이야.

그런데 지구상에 있는 모든 물체는 관성의 법칙에 따른 등속도 운동은 할 수 없어. 물
체의 표면과 바닥의 표면이 부딪치면서 생기는 마찰력이 운동을 방해하기 때문이야.
마찰력은 −방향으로 가속도가 일어나게 해. 그러면 속도가 저절로 줄어들며 멈추게
되지.

◎ 등가속도 운동

등가속도 운동은 가속도가 일정하게 증가하는 거야. 시속 10km으로 움직이는 물체가
1시간 후에는 시속 20km, 2시간 후에는 시속 30km로 속도가 변했다면 1시간마다 시
속 10km씩 일정하게 가속도가 늘어난 거잖아. 이게 바로 등가속도 운동이야. 가속도
가 변하는 건 힘이 계속 작용해서야. 예를 들어 높은 곳에 있는 물체가 떨어질 때 지구
의 중력을 계속 받으면서 속도가 점점 커져. 이걸 중력가속도라고 해. 빗방울이 중력

가속도를 다 적용받아서 등가속도 운동을 한다고 해 봐. 땅에 떨어질 때쯤에 사람이 맞으면 죽을 정도로 무시무시한 빠르기의 속력이 돼. 하지만 공기 저항이 중력가속도를 줄여 줘서 이 등가속도 운동을 막아 주지. 덕분에 우리는 비를 맞고도 살 수 있는 거야.

활주로를 달릴 때 등가속도 운동을 하는 비행기

질량과 무게의 구별

다들 자기 몸무게를 알고 있지? 무게는 어떻게 결정되는 걸까? 질량에 지구가 잡아당기는 중력을 적용시킨 것이 무게야. 무게를 구하려면 먼저 뉴턴의 법칙 가운데 힘을 구하는 공식을 알아야 해.

$$F_{\text{힘}} = m_{\text{질량}} \times a_{\text{가속도}}$$

물체의 질량과 움직이는 가속도를 알면 물체를 움직이는 힘을 구할 수 있어.

이 공식에서 가속도를 중력가속도로 바꾸면 돼.

$$F_{\text{힘}} = m_{\text{질량}} \times g_{\text{중력가속도}}$$

지구의 중력가속도는 9.8 m/sec²이야. 중력가속도를 질량 1kg에 적용하면 1× 9.8=9.8N의 힘이야. 이때 N은 힘의 단위로 뉴턴이라고 읽어. 그리고 9.8N에 해당하는 무게는 1kg중이라고 정했어. 우리는 흔히 kg 뒤에 중을 빼고 말하지만 무게의 단위는 엄격하게 말하자면 kg중이야.

달에서의 질량과 무게

지구에서는 굳이 질량과 무게를 구분할 필요가 없어. 그래서 kg과 kg중을 구분하지 않아. 그런데 중력이 달라지는 달에 가면 어떨까? 달의 중력은 지구의 중력의 1/6이야.

달의 질량이 지구보다 작으니 끌어당기는 힘인 중력도 작은 거지. 그러니까 우리 몸무게도 당연히 1/6로 줄어들어. 지구에서 60kg중이었다면 달에서는 10kg중이 되는 거지. 하지만 질량은 절대 변하지 않아. 만약 지구에서 내 질량이 60kg이라면 달에서도 질량은 60kg이야. 질량은 물체의 고유한 양인데 달에 간다고 다른 물체가 되는 것은 아니니까.

●가벼운 물체와 무거운 물체가 똑같이 떨어지는 이유

무거운 물체가 더 빨리 떨어진다고? 아니야. 무게에 상관없이 모든 물체는 떨어지는 속도가 똑같아. 지구의 입장에서 보면 무게가 무겁거나 가볍거나 똑같은 중력가속도로 끌어당기고 있으니까. 그래도 지구에서 쇠공과 깃털을 동시에 떨어뜨리면 쇠공이 먼저 떨어져. 그건 깃털이 공기 저항을 더 많이 받기 때문이야. 만약 공기가 없는 달에서 깃털과 쇠공을 동시에 떨어뜨린다면 둘은 똑같은 속도로 떨어질걸.

지구를 침략한 메가스톤

비상사태인 것은 분명했다. 광화문 사거리를 달리고 있어야 할 자동차들이 모조리 엉킨 채 길 위에 세워져 있었다. 운전자들은 모두 차에서 내려 허공을 손가락질하며 흥분한 목소리로 뭐라 뭐라 떠들어댔다.

이번에는 생각보다는 빨리 도착했다. 어디까지나 '생각'보다였지만. 노빈손은 트렌드봄버가 듣지 못하도록 주의하면서 슈퍼마켓맨에게 속삭였다.

"악당이 나타날 때마다 출동 시간이 이렇게 오래 걸리면 큰일이겠어요. 진짜 너무 느려요."

"그건 걱정할 것 없네. 악당들도 숙적인 슈퍼영웅이 도착할 때까지 기다리거든. 대결을 하면서 멋진 대사를 읊어 줘야 신문과 TV 뉴스에 그럴 듯하게 나올 것이 아닌가?"

"그게 무슨 희한한 이유예요? 악당인지, 연예인인지, 프로레슬러인지 모르겠네요."

그렇게 투덜대면서 사람들의 시선을 따라 허공을 향해 눈을 든 노빈손은 생각지도 못한 광경에 할 말을 잃었다.

상공에 헬기가 날고 있었다. 그 아래에 즐비한 건물들 사이로 거대한 얼굴이 보였다. 사람과 같은 두 팔과 두 다리. 그러나 사람과 달리 신체가 태양빛을 반사하며 은색으로 빛났다. 키는 50미터 가까이 될까? 차가워 보이는 금속성의 몸, 표정을 읽을 수 없는 얼굴. 저것은…, 그러니까……

"거대 로봇이잖아!"

로봇의 3원칙
'로봇'이라는 개념을 처음 만든 사람은 SF 소설가 아이작 아시모프다. 아시모프는 자신의 소설에서 로봇이 반란을 일으켜 인간을 지배하는 상황을 묘사했다. 아시모프는 미래에 로봇이 널리 쓰일 것이라는 예상 아래 실제 로봇 공학에 적용해야 할 3원칙도 만들었다. 1조 : 로봇은 인간을 해칠 수 없으며 인간의 위험을 지나쳐서는 안된다. 2조 : 로봇은 인간의 명령에 복종한다. 단 명령이 1조에 어긋날 때는 따르지 않아도 된다. 3조 : 로봇은 1조와 2조에 위배되지 않는 한 자신을 지킬 수 있다.

노빈손은 자신도 모르게 놀라움의 소리를 토했다. 트렌드봄버의 스피커에서 귀가 찢어질 듯이 커다란 노랫소리가 흘러나왔다.

지구를 노리는~♬♪ 메가스톤! 메가스톤! 사악한 로봇!

불안한 리듬이었다. 마우스맨이 나직이 혀를 차며 중얼거렸다.

"메가스톤이라고? 트렌드봄버의 숙적이잖아."

"아무리 그래도 저건 너무 크잖아요!"

노빈손이 비명을 지르듯이 외쳤다. 고층빌딩과 키라도 재는 듯, 위풍당당하게 서 있는 로봇은 너무나도 위협적으로 보였다. 노빈손 같은 건 발가락 하나로도 밟아 버릴 수 있으리라.

그때 거대 로봇에게서 기계음으로 변조한 것 같은 목소리가 들려왔다. 덩치에 안 어울리게도 간드러지는 하이톤 목소리였다.

"어리석은 인간들아. 나는 메가스톤이다!"

여기저기서 비명이 울려 퍼졌다. 다음 순간, 메가스톤의 선언이 청천벽력처럼 모든 사람들의 머리 위로 떨어졌다.

65

"이제부터 지구는 내가 접수한다!"

슈퍼마켓맨이 나서서 맞고함을 질렀다.

"어림없는 소리! 그렇게는 안 된다!"

"으아아, 왜 이래요! 괜히 자극하지 말라고요!"

노빈손이 질겁하면서 슈퍼마켓맨을 잡아당겼지만, 이미 때는 늦었다. 노빈손 일행 쪽을 내려다본 메가스톤은 기묘한 웃음소리를 냈다.

"겔겔겔……. 변신로봇, 트렌드봄버! 거기 있었나? 하지만 그 쬐끄만 크기로 뭘 어쩌겠다는 거냐? 너 같은 건 내가 한 방에 짓밟아 주마!"

당당히 선포한 메가스톤이 오른쪽 다리를 들어올렸다. 도망갈 새도 없었다. 아무리 달려 봤자 저 무시무시한 긴 다리에서 벗어날 수 없을 것이다. 노빈손의 목구멍에서는 비명조차 나오지 않았다. 메가스톤이 내딛는 거대한 발바닥이 마치 슬로모션처럼 느릿하게 보였다.

거대 로봇의 관절염

쿠쿵!

"끼야아아아아악!"

50미터짜리 로봇의 가공할 첫 걸음이 땅에 닿는 순간, 엄청난 충격음이 일었다. 그리고 다른 누구도 아닌 메가스톤의 기나긴 비명이 허공에 울려 퍼졌다. 노빈손 일행 쪽으로 걸어오려던 메가스톤이 그대로 넘어지며 땅바닥에 얼굴을 처박은 것이었다. 마치 지진이 일어난 것처럼 땅이 흔들렸다. 미처 균

형을 잡지 못한 사람들이 외마디 소리를 지르며 바닥에 주저앉았다. 먼지가 풀썩풀썩 일어나 시야를 가렸다.

"뭐, 뭐야?"

가장 먼저 발딱 일어난 슈퍼마켓맨이 황당한 표정으로 메가스톤 쪽을 쳐다보았다. 마우스맨도 어이가 없다는 듯이 말했다.

"지금 넘어진 거야?"

"그런… 거 같은데?"

노빈손도 일어나 메가스톤 쪽을 바라보았다. 땅은 움푹 파여 있었고 메가스톤이 무릎과 팔꿈치를 땅에 댄 채 엎드려 있었다. 뭔가에 좌절해서 엎드려 있는 사람 같은 자세였다. 어디를 보나 전투 및 공격 태세로는 보이지 않았다. 신음 소리 같은 하이톤의 잡음만 계속 새어 나오고 있을 뿐이었다.

노빈손은 슈퍼마켓맨과 마우스맨을 돌아보았다. 두 사람도 영문을 모르겠다는 얼굴이었다.

"저게 지금 뭐 하고 있는 거 같으세요?"

슈퍼마켓맨이 뒤통수를 북북 긁었다.

"음, 땅바닥에 동전이라도 떨어뜨렸나?"

"그게 뭐예요!"

어이없어 하는 노빈손의 뒤에서 마우스맨이 콧방귀를 뀌었다.

"소시민의 상상력이라는 게 다 그렇지. 수표 말곤 만져 본 적도 없는 나로선 동전을 줍는다는 걸 도저히 이해할 수 없군."

치익! 치익!

메가스톤이 지금 말장난 하

우리나라의 휴머노이드 로봇

우리나라 한국과학기술원(KAIST)에서 2004년 국내 최초로 걸을 수 있는 휴머노이드 로봇 '휴보'를 발명했다. 휴보는 앞의 장애물을 인식하고 피할 수 있는 기술을 가지고 있다. 2010년에 나온 '휴보2'는 뛸 수도 있다. 한국과학기술연구원(KIST)에서 2005년에 만든 '마루'와 '아라'는 대각선으로도 걸을 수 있고, 주인을 인식하여 악수를 자연스럽게 할 수 있다. 역시 한국과학기술연구원에서 2011년에 나온 '키보'는 사람의 감정에 반응하는 표정과 말투를 보여 줄 수 있다.

냐는 듯이 흰 연기를 내뿜었다. 노빈손 일행은 조심조심 메가스톤에게로 다가갔다. 비록 지금은 미동도 하지 않지만, 만일 움직이기 시작하면 체격 차이(?)를 감수하며 싸우기가 보통 일이 아닐 것이다.

메가스톤의 엉덩이와 가슴팍을 지나 얼굴 쪽으로 다가갔을 때, 머리 위에서 신음 소리가 들려왔다.

"슈… 슈퍼영웅들……."

"?"

노빈손과 슈퍼마켓맨, 마우스맨은 동시에 메가스톤의 얼굴을 올려다보았다. 메가스톤의 철가면은 차갑고 딱딱해 보였다. 표정은 알 수 없었지만 (로봇이니까) 신기하게도 고통스러워하고 있음을 알 수 있었다.

"도… 도… 도와줘!"

"에?"

뜻밖의 말에 어처구니가 없어진 일행들은 서로 얼굴을 마주보았다. 트렌드

퇴행성 관절염이 아닐까?

어휴~ 대사도 엄청 낡았네.

봄버에서 노랫소리가 흘러
나왔다.

함정인가 봐~♬ 웃지 못할
scandal~♪

"아… 아니야!"

트렌드봄버의 노래를 들은
메가스톤이 힘겨운 목소리
로 외쳤다.

"정말 움직일 수가 없단 말
이야! 무… 무릎이……."

"무릎?"

슈퍼마켓맨이 멍청하게 반
문했고 노빈손이 한 발짝 다
가서며 물었다.

"왜 이렇게 엎드려 있는 거
예요? 꼭 치질 걸린 사람처
럼……."

노빈손의 말에 메가스톤은 참고 있던 게 폭발한 것처럼 소리를 질렀다.

"크아아악! 나라고 좋아서 이러고 있는 게 아니야! 유도 선수처럼 멋지게
건물들을 메다꽂을 작정이었다고!"

"지금 그걸 자랑스럽게 말할 처지인가……."

노빈손은 그만 머릿속 생각을 입 밖에 내고 말았지만, 다들 메가스톤에 주
의를 기울이느라 아무도 노빈손의 말을 듣지 못했다.

"그… 그런데 무릎이……."

"무릎이 뭐 어쨌는데요?"

"무릎이 너무 아파! 부서진 것 같다고! 딱 한 걸음 내디뎠을 뿐인데 갑자기 무릎이 꺾이면서… 일어설 수가 없어! 으으……."

메가스톤의 처절하다 못해 불쌍하기까지 한 고백을 들은 슈퍼영웅들은 잠시 입을 다물었다. 모두들 골똘히 생각에 잠긴 표정이었다.

부서진 무릎, 부서진 자존심

이윽고 침묵을 깨고 먼저 말문을 연 것은 슈퍼마켓맨이었다.

"그러니까, 관절염 때문에 못 움직이게 됐다. 그 말인가?"

"관절염이라니! 내가? 그 무슨 망발을! 난 로봇이란 말이다!"

메가스톤이 이를 갈면서 외쳤지만, 이미 아무도 그의 말을 듣고 있지 않았다. 슈퍼영웅들은 메가스톤의 건강에 대해서 자기 멋대로 떠들기 시작했다.

"이것 참. 이래서 반드시 전담 건강관리사를 고용해야 한다니까. 건강을 해치면 모든 게 끝이니."

마우스맨이 고개를 절레절레 흔들며 말했다.

"뜻밖인데? 의외로 나이가 많은 로봇인지도 모르겠군. 여기저기 흠집도 많아. 여기 이 자국은 주름인가?"

슈퍼마켓맨이 메가스톤의 다리를 훑어보면서 중얼거렸다.

마지막으로 트렌드봄버가 쐐기를 박는 노래를 불렀다.

창피하니까~ ♪♬ 어디 가서 내 숙적이라고 말하지 마 ♪

"크아아악! 이것들이! …우욱……."

메가스톤은 화를 벌컥 냈지만 섣불리 움직이지 못하고 부르르 떨기만 했다. 마침내 노빈손이 입을 열었다.

"아니에요."

"응?"

"이건 관절염 때문이 아니라고요. 로봇이 어떻게 관절염에 걸려요?"

"그게 무슨 소리야, 노빈손맨. 그럼 대체 왜 이러는 건가?"

마우스맨이 이상하다는 표정으로 물었다. 슈퍼마켓맨, 트렌드봄버, 심지어 울상이던 메가스톤마저 노빈손을 쳐다보았다. 노빈손이 설명을 시작했다.

"작용 반작용 법칙 때문이에요."

"반작용?"

"물체가 충돌할 때, 부딪친 물체의 운동량만큼의 충격량이 반대 방향으로 발생해요. 따라서……."

슈퍼마켓맨이 휘휘 손을 내저었다.

"잠깐! 노빈손맨. 나 머리가 아파지기 시작하는데, 좀 쉽게 설명해 주게."

"좋아요. 그럼 사람을 예로 들어 보자고요. 사람이 걸을 때 발을 내딛는 힘만큼 땅바닥으로부터 충격을 받아요. 우리의 다리는 수많은 근육 다발과 연골을 통해 그 충격을 완화시키고 있죠. 하지만……."

노빈손은 말하면서 메가스톤의 불쌍한 몰골을 손가락으로 가리켰다.

"이 로봇 좀 보세요. 아마 3천 톤은 넘을 거예요. 이 거대한 무게로 땅바닥을 강타했으니

관절이란 무엇인가요?

관절은 뼈와 뼈를 연결해 주는 부분이다. 우리 몸에는 206개의 뼈가 있는 만큼 400여 개의 관절이 있는데 이 가운데 무릎 관절이 가장 큰 관절이다. 나이가 들거나 무리하게 일을 했거나 잘못된 운동을 하면 관절에 있는 연골이 망가지거나 관절에 염증이 생길 수 있다. 이것이 퇴행성 관절염으로 주로 무릎, 척추, 엉덩이 관절에서 나타난다.

그 충격량이 얼마나 엄청나겠어요? 땅바닥이 그 충격을 고스란히 메가스톤의 발에 되돌려 줬고 메가스톤은 온몸이 쇳덩어리니……."

"그 충격을 완화하지 못하고 무릎이 부서졌다, 이 말이로군."

마우스맨이 슥슥 턱을 문지르면서 노빈손의 말을 마무리했다. 무슨 소린지 하나도 못 알아듣겠다는 표정으로 딴청만 피우던 슈퍼마켓맨이 물었다.

"도대체 그런 지식들은 다 어디서 배운 거야?"

"교육방송에서요. 다들 과학 교양 프로그램 안 봐요?"

"난 홈쇼핑 애청자라서……."

슈퍼마켓맨과 노빈손이 실없는 잡담을 나누고 있는 사이, 생각에 잠겼던 마우스맨이 다시 입을 열었다.

"과연. 일리 있는 얘기야, 노빈손맨. 한 가지 사실만 제외하면 말이야."

마우스맨이 노빈손을 찌릿 쳐다보았다.

"네 말대로라면, 트렌드봄버에게도 똑같은 일이 일어나야 맞지. 그런데 트렌드봄버는 어제까지도 잘만 걸어다녔다고!"

"하지만 지금은 못 걸어다니잖아요."

"그야, 변신이 안 된다고 하니까……."

무심코 그렇게 중얼거린 마우스맨이 미간을 찌푸렸다.

"가만. 그럼 슈퍼영웅들에게 일어난 이상 현상이……."

"악당들에게도 일어나고 있다는 건가요?"

노빈손이 말을 끝맺었다. 마우스맨이 고개를 끄덕였다.

"아직 확신하기엔 이르지만 말

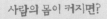

사람의 몸이 커지면?

영화에서 작았던 생물이 갑자기 커지는 장면이 종종 나온다. 그 경우 길이가 길어지는 만큼 면적은 그 제곱, 부피는 그 세제곱만큼 증가해야 한다. 키가 10배 커진다면 다리의 둘레는 100배, 몸무게는 1,000배 이상 늘어나야 하는 것이다. 그런데 다리가 100배로 굵어졌다 해도 1,000배 이상 늘어난 몸무게를 감당하는 것은 불가능하다. 훨씬 더 굵어져야 한다. 몸무게가 수십 톤이었던 공룡들의 다리가 굵은 이유도 그 때문이다. 그러므로 모양이 그대로인 채 거인이 되는 일은 과학적으로 불가능하다.

이야. 각자 발생하는 문제들이 다 다르니 규칙성을 모르겠군. 게다가 나한테는 아무 일도 안 일어났다고."

"주식을 확인해 보는 게 어떤가? 갑자기 폭락했을지도 모르네."

슈퍼마켓맨이 끼어들자 마우스맨이 험악한 표정으로 으르렁거렸다. 또 설전을 벌이기 시작하는 두 영웅을 본체만체하며, 노빈손은 생각에 잠겼다.

날지 못하는 슈퍼영웅, 변신을 못하는 변신 자동차, 걷지 못하는 거대 로봇, 그리고… 기억을 잃었을지도 모르는 자신.

절로 한숨이 포옥 나왔다. 헤어 나오지 못할 미로에 들어선 것만 같다.

"규칙성이라……."

슈퍼마켓맨과 손바닥 씨름을~

메가스톤은 안타깝게도(?) 지구 정복을 하지 못했어. 겁을 수가 없었기 때문이지.
작용 반작용 법칙의 영향을 받았거든. 이 법칙도 뉴턴이 정리한 거야.
들어는 봤지만 잘 모르겠다고? 그럼 벽에다 공을 던져 봐. 공이 벽에 부딪친 다음
도로 튕겨 나오는 것을 볼 수 있어. 벽에서 공을 미는 힘이 생긴 거지.
이 힘은 공이 벽에 작용한 힘의 반작용으로 생겼어. 작용 반작용 법칙은 힘이 작용을 하면
그에 반대되는 방향으로 동일한 크기의 힘이 작용한다는 거야.

자, 내가 슈퍼마켓맨과 손바닥 씨름을 해 볼게.

1단계 내가 슈퍼마켓맨을 밀려고 힘을 준비하고 있어. 슈퍼마켓은 여유 만만한 표정이네?

2단계 내가 있는 힘껏 슈퍼마켓맨의 손바닥을 쳤어. 아, 손바닥에서 불이 나는 것 같아.

3단계 으악! 내가 그만 뒤로 넘어져 버리고 말았어. 그래도 슈퍼마켓맨도 조금은 뒤로 물러났어.

손바닥 씨름도 작용 반작용 법칙에 따라 설명할 수 있어. 내가 손바닥에 힘을 주어 슈퍼마켓맨을 세게 민 만큼(작용), 그만큼의 힘이 나에게로 되돌아와서(반작용) 내가 뒤로 넘어진 거야. 내가 힘을 좀 많이 줬거든. 슈퍼마켓맨은 왜 조금밖에 안 움직였냐고? 슈퍼마켓맨의 질량이 나보다 커서 그래. 질량이 클수록 움직이려면 힘이 많이 들잖아. 내가 준 힘이 슈퍼마켓맨을 움직일 만큼의 큰 힘은 아니었나 봐.

● 중력의 반작용은?

'중력'이 뭔지 기억 나? 지구가 끌어당기는 힘이지. 그런데 지구가 끌어당기는 힘만큼 반작용도 발생할 텐데 왜 지구 위의 모든 물체는 지구로 무작정 떨어지기만 하는 걸까? 사과가 땅으로 떨어지는 경우를 생각해 볼까? 지구가 사과를 끌어당기는 힘의 반작용으로 지구도 사과에게 끌리는 힘이 발생해. 사실 만유인력을 작용 반작용의 법칙으로 설명할 수도 있는 거지. 하지만 지구는 질량이 어마어마하게 큰 관계로 그 힘에 끌리지 않아. 예를 들어 슈퍼마켓맨의 질량이 좀 더 컸다면 아무리 내가 밀어도 꼼짝하지 않을걸.

● 우리가 걸을 수 있는 이유

우리는 작용 반작용 법칙에 따라 걷고 있어. 내가 발을 내디디면 땅에 그 힘이 전달되게 돼. 그럼 그 힘을 받은 땅이 똑같은 크기의 힘을 내 발에 도로 전달하지. 우리가 힘을 준 만큼 땅이 그 반작용으로 밀어 주기 때문에 우리는 걸을 수 있어. 우리가 힘을 얼만큼, 어느 방향으로 주느냐에 따라 우리는 앞으로도, 뒤로도, 옆으로도 걸을 수 있고 점프도 할 수 있는 거야.

수영할 때도 마찬가지야. 발로 출발대를 힘차게 밀면 그 힘만큼 출발대가 몸을 공중으로 밀어 주지. 그리고 물속에서도 다리와 손을 이용해서 물을 뒤로 밀면 그 힘의 반작용으로 물이 몸을 밀어 주는 거야.

이처럼 모든 운동에는 작용 반작용 법칙이 적용돼.

● 메가스톤의 무릎이 부서진 이유

메가스톤은 크기가 어마어마한 거대 로봇이야. 무게만 해도 3천 톤 정도는 될 거야. 참, 무게는 질량에 중력가속도를 곱하면 된다는 거 기억하고 있지? 이런 엄청난 무게를 가진 물체가 단단한 땅바닥과 부딪치면 어떻게 될까?

엄청난 힘이 땅바닥에 전해지겠지? 특히 걸을 때는 몸무게의 4배 정도로 힘이 발생해. 그러니 메가스톤이 걸을 때 반작용하는 힘은 만 톤이 훌쩍 넘는 셈이지. 메가스톤의 다리는 단단한 금속으로 되어 있어. 단단한 물체는 충격을 고스란히 받을 수밖에 없거든. 그래서 메가스톤의 무릎은 부서질 수밖에 없었던 거야.

아직 이 정도의 충격을 견딜 수 있는 금속은 개발되지 않았거든. 그런데 왜 단단한 물체는 충격을 고스란히 받게 될까?

● 탄성력이란?

물체가 힘을 받게 되면 속도가 변화할 뿐만 아니라 모양도 변할 수 있어. 그런데 모양이 변했다가 다시 원래 모양으로 되돌아오는 물체가 있어. 받은 힘을 튕겨 내는 거야. 이 힘을 탄성력(복원력)이라고 하지.

유리와 고무공을 떨어뜨렸을 때 유리는 탄성력이 없기 때문에 깨지고(모양이 변하고), 고무공은 탄성력이 있기 때문에 찌그러지긴 하지만 곧 다시 원래 모양으로 돌아와. 하지만 탄성력보다 더 큰 힘을 주게 될 경우엔 원래 모양으로 돌아오지 않아.

바지 허리의 고무줄을 너무 늘이면 고무줄이 느슨해지는 경우가 그거야. 메가스톤의 다리는 탄성력이 거의 없는 금속으로 만들어졌기 때문에 받은 힘을 튕겨 내지 못하고 엄청난 충격을 그대로 받은 거지.

노빈손맨의

3장

슈퍼파워

징징이 메가스톤

"어쨌든, 우리가 또 한 번 지구를 구한 셈이군. 남은 문제는 이거야. 이 징징이를 어떻게 처리하지?"

슈퍼마켓맨의 손가락은 정확하게 메가스톤의 콧잔등을 가리켰다. 메가스톤이 끙끙대면서 소리를 질러 댔다.

"징징이라니! 내가 징징이라니!"

"조용히 해. 무릎 좀 깨졌다고 지구 정복을 포기할 거였으면 시작하지나 말든가."

마우스맨의 말에 슈퍼마켓맨이 옆구리를 쿡 찔렀다.

"그만하게. 모처럼 전의를 잃었는데 도발해서 어쩌자는 건가? 더 귀찮아질 뿐이네."

"하긴 그렇군."

마우스맨이 수긍하자 슈퍼마켓맨은 메가스톤 쪽으로 고개를 들더니 친절한 목소리로 말했다.

"차라리 잘됐소. 경찰서에 출두할 때 휠체어를 타면 처벌이 경감될 거요. 마우스맨처럼 돈 많고 높으신 분들은 다들 그렇게 하니까."

"너! 지금 누굴 도발하는 거냐!"

발끈한 마우스맨이 슈퍼마켓맨의 먹살을 잡았다.

그 모습을 내려다보던 메가스톤의 입에서 거대한 울음 소리 같은 것이 튀어나왔다.

"크아아아악! 더는 못 참겠

살이 찌면 무릎에 치명적

가만히 서 있기만 해도 무릎은 몸무게 2배의 무게 충격을 감당하고 있다. 걸을 때는 자기 체중의 3~4배에 이르는 무게 충격이 가해진다. 몸무게가 60kg이라면 약 200kg의 충격을 받는 것이다. 하루에만 해도 수십 톤의 무게를 감당해야 한다. 게다가 몸무게가 늘어나면 무릎에는 2~3배의 충격이 더 가해진다. 5kg이 늘어나면 약 15kg 정도의 무게를 더 부담해야 하는 것이다. 그래서 살이 찐 사람은 무릎에 무리가 가 관절염에 걸릴 확률이 높다.

다! 내 발톱만 한 크기도 안 될 조무래기들이 나를 능멸해?"

"저기요, 님은 로봇이라 발톱이 없는데⋯⋯."

노빈손의 사소한 지적은 메가스톤의 찢어질 듯한 포효에 묻혀 곧 사라져 버렸다.

"가만 안 두겠어!!!"

계속 엎드려 있던 메가스톤이 더 이상 못 참겠는지 손으로 땅을 치며 일어서려 했다. 당황한 슈퍼영웅들이 팔을 획획 저었다.

"야, 야! 무슨 짓이야!"

쿠쿵~.

묵직한 진동음이 또다시 광화문 일대를 뒤흔들었다.

"끄아아아악!"

이번에는 메가스톤의 팔꿈치에서 뿌지직거리는 소리가 났다. 메가스톤은 새된 비명을 올리며 옆으로 쓰러졌다. 그 충격파로 작은 건물들이 줄줄이 무너져 내렸다. 요란한 소리와 함께 회색 흙먼지가 자욱하게 일대를 덮었다.

마우스맨이 인상을 찌푸리며 메가스톤을 올려다보았다.

"이거 아직 정신을 못 차렸구먼? 감방에 집어넣어야겠어."

"잠깐, 저 덩치를 넣을 수 있는 감방이 있어요?"

"그전에 호송할 수 있는 방법은 있나?"

노빈손이 톡 끼어든 데 이어 슈퍼마켓맨이 얼굴을 뒤덮은 잿빛 먼지를 닦으며 말했다. 메가스톤은 지금의 충격으로 완전히 기절했는지 얼굴을 땅에 처박은 채 움직이지 않았다.

슈퍼파워는 간단해

"꺄악! 도와주세요! 사람이 끼었어요!"

무너진 건물 한 구석에서 여자의 비명이 들렸다.

"!"

노빈손과 슈퍼영웅들은 일제히 비명이 들려온 쪽으로 달려갔다. 소리를 지른 여자는 무너진 돌 더미 앞에 서서 어쩔 줄을 모르고 이리 뛰었다 저리 뛰었다 하고 있었다. 슈퍼마켓맨이 정중하게 물었다.

"무슨 일이십니까?"

"저기, 저 돌 더미 아래에 우리 팀장님 다리가 끼었어요!"

여자가 가리킨 곳에 중년 남자 한 명이 쓰러져서 신음하고 있었다. 커다랗고 넓적한 콘크리트 조각이 통째로 떨어진 채 회색빛 돌 더미 위에 얹혀 있었다. 남자의 발목이 그 사이에 끼어 있는 듯했다.

"걱정 마시오, 아가씨. 지금 당장 저분을 빼내 드리겠소!"

슈퍼마켓맨이 거대한 콘크리트 조각에 달라붙었다. 깜짝 놀란 노빈손이 마우스맨의 옆구리를 꾹꾹 눌렀다.

"아니, 저렇게 커다란 콘크리트를 어쩌겠다고 혼자 달라붙는 거예요?"

"걱정하지 마. 슈퍼마켓맨의 슈퍼파워는 도저히 인간이라곤 생각할 수 없는 괴력이니까. 저런 돌덩이 정도는 식은 죽 먹기지."

"그렇다고 슈퍼마켓맨에게만 맡겨 두면……."

"평소에 도움이 안 되는 녀석

슈퍼맨이 비행기를 들려면?

슈퍼맨은 비행기나 기차를 번쩍 들어 사람들을 구한다. 사람은 순간적으로 자기 몸무게의 최대 3배까지 들 수 있으므로 슈퍼맨의 몸무게를 100kg이라고 할 때, 슈퍼맨이 일반 사람이라면 최대 300kg을 들 수 있다. 그런데 여객기의 무게는 180t(180,000kg) 정도 한다. 슈퍼맨은 자기가 들 수 있는 무게의 600배를 든 것이다. 슈퍼맨이 고향인 크립톤 행성에서의 능력을 고스란히 가져왔다고 가정하면, 크립톤 행성은 지구보다 중력이 600배 강하며 질량은 600배 무겁다는 결론이 나온다.

이니까 이럴 때라도 실력 발휘하게 하라고."

도대체 이 두 사람은 사이가 좋은 건지, 나쁜 건지…….

노빈손은 태연하게 미소를 짓는 마우스맨을 올려다보았다.

그러나 콘크리트를 들어 올리려던 슈퍼마켓맨은 쉽게 움직이지 못하고 있었다. 그의 입에서 괴상한 효과음들만 새어 나왔다.

"어라? 이상한데……. 으랏차! 이얍! 크르르릉! 캬오오옹!"

"어이, 뭐 하는 거야? 그러라고 입때껏 밥 사 먹인 줄 아나?"

뒤에서 마우스맨이 야유를 보내자 슈퍼마켓맨이 낑낑거리며 대꾸했다.

"조용히 하게나! 정신 집중이 안 된다고! 이상해. 이럴 리가 없는데…….
왜 이렇게 땅에 달라붙은 것처럼 안 움직이지?"

"무슨 소릴 하는 거야? 그 정도 크기면 곧바로 들어 올려서 대기권 밖으로도 날려 버릴 수 있잖아?"

거기까지 말한 마우스맨이 입을 멍청히 벌렸다. 동시에 노빈손이 뭔가 깨달았다는 듯이 손바닥을 탁 쳤다.

"슈퍼파워!"

"설마, 너 하늘을 나는 능력만이 아니라 괴력도 잃어버린 거냐?"

마우스맨이 묻자 슈퍼마켓맨이 고개를 붕붕 저었다.

"아니, 그럴 리 없네! 그럴 리가 없다고! 으랴—압!"

그러나 아무리 슈퍼마켓맨이 온힘을 쏟아붓고 오도방정을 떨어도, 콘크리트는 꿈쩍도 하지 않았다. 보다 못한 마우스맨이 슈퍼마켓맨을 뒤로 물렀다.

내진 설계가 필요한 이유

건축물이 지진의 피해를 입지 않도록 하는 것이 내진 설계이다. 가장 기본적인 내진 설계는 지진의 흔들림에도 무너지지 않도록 철근 콘크리트로 보강하는 것이다. 내부의 설비들까지 보호하기 위해서는 건물을 고무와 같은 탄성력이 있는 물질 위에 지어서 진동을 완화시키기도 한다. 또 지진으로 일어난 진동을 감지하고 이를 상쇄시킬 만한 진동을 발생시키는 감쇠 장치를 설치하기도 한다. 앞으로 급정거하는 버스에서 넘어지지 않으려면 뒤로 힘을 줘야 하는 것과 같은 원리이다.

"어이, 그만해. 다치겠다."

"무슨 소린가? 난 괜찮네!"

"너 말고, 아래에 다리 끼인 사람이 말이야."

"크윽…, 부탁이네. 마우스맨! 아니 마우스 선생님! 1분만 더!"

"내가 선생님이냐? 막판에 시험지를 붙잡고 늘어지는 열등생 같은 소리 그 만해."

마우스맨이 차갑게 쏘아붙이자 슈퍼마켓맨은 절망에 빠진 표정으로 바닥에 엎드렸다.

"이럴 수가! 내 슈퍼파워가 전부 사라져 버리다니!"

"일단 슈퍼파워 논란은 잠시 접어 두자구요. 지금은 사람을 구하는 게 우선이니까. 마우스맨, 가진 장비 중에 뭔가 도움이 될 만한 거 없어요?"

노빈손이 묻자 마우스맨이 난처한 표정을 지었다.

"없는걸. 벽을 기어오를 때 쓰는 도마뱀붙이 장갑 같은 건 있지만……."

"아, 그럼 그걸 저 콘크리트에 붙이고 트렌드봄버더러 당기라고 하면 어떻겠는가?"

슈퍼마켓맨이 제안하자 뒤에서 트렌드봄버가 빵빵 경적을 울렸다. 그러나 마우스맨은 고개를 저었다.

"안 돼. 그건 인간의 무게 정도나 견디지 저런 돌덩이를 끌어당기진 못할 걸. 게다가, 트렌드봄버더러 무작정 돌덩이를 끌어당기라고 할 생각인가? 그랬다간 끼인 사람의 발목이 성치 못하게 될 거라고."

반데르발스의 힘

벽에 붙어 다니는 동물 중에 제일 큰 동물은 몸길이 30~50cm, 몸무게 4~5kg의 도마뱀붙이(게코)다. 도마뱀붙이의 발가락 바닥에는 무수히 많은 작은 주름이 있는데 이 주름은 솜털로 빽빽하게 덮여 있다. 솜털은 작은 빗자루 모양으로 끝에 수백 개가 넘는 잔가지가 나 있다. 잔가지 각각의 끝은 뭉툭한 모양으로 작은 오징어 빨판처럼 생겼다. 여기에서 '반데르발스의 힘'이라는 결합력이 나온다. 이 힘은 분자 사이에 작용하는 인력으로 아주 작은 힘이지만 무수히 많은 빨판의 힘을 모두 합하면 벽에 붙을 수 있는 힘이 나오는 것이다.

"으아악! 슈퍼파워가 없으면 이리도 무능하다니……."

슈퍼마켓맨이 주저앉아 가혹한 운명을 한탄하는 사이에 노빈손은 근처 공사장에서 긴 철근을 주워 끌고 왔다.

"뭐 하는 건가, 노빈손맨? 그런 걸 주워 와서 뭘 어쩌려고?"

"어쩌긴요? 저 콘크리트를 치워야죠."

노빈손은 적당한 돌을 받침용으로 콘크리트 가까이에 놓은 뒤, 철근을 그 위에 얹어 콘크리트 아래쪽으로 깊고 비스듬하게 찔러 넣었다. 그렇게 자세를 취하고 뒤를 돌아보니, 당연히 달라붙을 줄 알았던 슈퍼마켓맨과 마우스맨은 멍하니 서서 노빈손의 행동을 바라보고 있을 뿐이었다.

"뭐하세요? 빨리 이리로 오세요! 돌을 들어야죠."

"응? 이걸로 어떻게?"

슈퍼마켓맨과 마우스맨은 의아한 표정을 지으면서도 노빈손의 뒤에 서서 철근을 잡았다. 노빈손이 철근을 단단히 쥐면서 외쳤다.

"자아, 하나 둘 하면 누르는 거예요. 하나, 둘……."

"끄으으응!"

세 남자가 철근을 아래로 누르자, 반대편 끝이 콘크리트를 조금 들어올렸다. 그때를 놓칠세라 옆에 있던 사람들이 다리가 끼었던 남자를 끌어냈다. 노빈손이 팔 힘을 빼자 콘크리트가 다시 쿵 소리를 내며 떨어졌다. 보고 있던 사람들이 환호성을 올리며 박수를 쳤다.

"좋아, 작전 성공!"

노빈손이 숨을 토해 내며 이마를 훔쳤다. 슈퍼마켓맨이 믿어지지 않는다는 눈으로 노빈손을 바라보았다.

"노빈손맨, 이건 대체…, 어떻게 저 돌을 들어 올린 거지? 이것이 자네의 새로운 슈퍼파워인가?"

"엥? 슈퍼파워라뇨? 그냥 지렛대를 쓴 거잖아요."

"뭐? 지렛대라니?"

노빈손은 멍하니 슈퍼마켓맨과 시선을 맞추었다.

"지렛대 몰라요?"

"그게 뭔데?"

"아니, 어떻게 지렛대 원리를 모를 수가 있어요? 초등학교 과학 교과서에 나오는데!"

슈퍼마켓맨이 머쓱한 표정으로 뒤통수를 슥슥 긁었다.

"난 외계에서 왔기 때문에 지구의 교육 과정은 잘 모르네. 이제까진 이런 방법을 쓰지 않아도 전혀 불편할 일이 없었고."

하긴, 하늘도 날고 빌딩도 들어 올리는 슈퍼파워의 소유자였으니 지렛대 원리를 쓸 일이 없긴 했겠다.

슈퍼마켓맨은 철근이 마법소녀의 요술봉쯤 되는 걸로 생각하는지 노빈손이 사용한 철근을 이리저리 돌리며 살펴보기 시작했다. 그 모습을 안쓰러운 눈으로 바라보던 노빈손이 마우스맨에게 물었다.

"마우스맨은요? 마우스맨은 슈퍼파워가 아니라 최첨단 장비들을 이용해서 슈퍼영웅 일을 한다면서요."

마우스맨이 새침한 표정으로 고개를 휙 돌렸다.

"흥! 그렇다고 내가 장비의 원리까지 알 필요는 없잖아. 돈 주고 장비를 주문하면 알아서들 만들어 오니까."

맞는 말이긴 하지만 왠지 모르게 열받는 대답이다.

뒤에서 부릉부릉거리기만 하는 트렌드봄버에겐 물을 필요도 없었다. 앞날이 암담해진 노빈손이 긴 한숨을 쉬었다.

'이 사람들이 정말 지구를 지킬 수 있을까······.'

노빈손은 이마를 짚고 절레절레 고개를 저었다. 슈퍼마켓맨은 여기저기서 철근을 지렛대 삼아 돌을 드는데 재미 들린 듯했다. 한참 동안 철근을 갖고

지레를 발견한 아르키메데스

고대 그리스의 도시국가 시라쿠사의 수학자 아르키메데스는 지레, 부력, 구의 표면적과 부피 법칙을 정리하고 원주율을 구했다. 아르키메데스는 부력의 원리를 이용해서 히에론 왕의 금관이 진짜인지 아닌지 밝혔으며, 지레를 응용한 도르래를 이용해서 육지에서 만든 거대한 전함을 바다로 옮기기도 했다. 기원전 212년에 로마군은 시라쿠사를 함락했고 그 사실을 모른 아르키메데스는 땅에 도형을 그리며 문제를 풀고 있다가 로마 군사에게 죽임을 당하고 말았다.

다니던 슈퍼마켓맨이 노빈손에게 다가와 신이 난 목소리로 말했다.

"이걸 보게, 노빈손맨! 참 신기하지 않나? 자네의 슈퍼파워를 이용하니 이렇게 큰 돌도 움직일 수 있다네!"

"슈퍼파워가 아니라 과학 지식이라니까요! 알았으니까, 그만하고 철근이나 제자리에 갖다 놔요!"

노빈손이 슈퍼마켓맨에게서 철근을 빼앗으려고 했을 때였다.

빵빵~!

갑자기 트렌드봄버가 요란하게 경적을 울렸다. 놀란 일행들이 일제히 트렌드봄버에게로 고개를 돌렸다. 트렌드봄버의 전조등이 초록색 빛을 내뿜고 있었다.

빗면과 바퀴와 도르래와 지레

이집트의 피라미드는 지금으로부터 약 4,500년 전에
만들어졌어. 석회암 200여 만 개를 이용하여 100m 높이까지
쌓아 올렸지. 그런데 석회암 하나의 무게는 보통 2,500kg이야. 기계가
없던 시절에 어떻게 이런 무거운 돌을 옮길 수 있었을까? 작은 힘으로도
큰 힘을 낼 수 있게 해 주는 도구를 이용했다고 해. 이처럼 일을 쉽게
해 주는 도구들을 나, 마우스맨이 특별히 친절하게 알려 줄게.

◉ 빗면

피라미드를 지을 때는 아마 빗면을 이용했을 거야. 산을 오를 때를 생각해 봐. 절벽을
오르는 것보다 산 주위를 돌아 나 있는 구불구불한 길을 이용하는 게 더 쉽잖아. 구불
구불한 길로 가면 걸어야 할 거리는 길어지지만 절벽보다는 적은 힘으로도 높은 곳까
지 올라갈 수가 있어. 이것이 바로 빗면의 원리야.
빗면의 길이는 직선보다 길어. 그래서 직선에서는 한꺼번에 많은 힘이 필요하지만 빗

면에서는 그 힘이 분산되지. 대신 직선 거리로 들 때보다 밧줄을 더 길게 당겨야 해. 이 때 빗면을 따라 물체를 끌어올리는 힘을 공식으로 나타내면,

$$힘 = \frac{빗면의\ 높이 \times 물체의\ 무게}{빗면의\ 길이}$$

20kg중의 물체를 높이 5m, 빗면의 길이 10m의 빗면에서 끌어 올렸다면 힘은 (20×5)÷10=10N인 거야.

빗면의 경사각이 작아질수록 빗면의 길이가 더 길어져서 힘이 훨씬 덜 들어. 그만큼 밧줄을 더욱 더 길게 당겨야 하지만 말이야.

◉ 바퀴

무거운 물체를 옮길 때 바퀴만큼 좋은 도구가 없어. 이집트의 피라미드에 필요한 석회암도 밑에 굴림대를 깔아 운반했어. 본격적으로 수레를 발전시킨 곳은 기원전 3500년경의 메소포타미아 지역이야. 그리스·로마 시대에서는 바퀴살 바퀴로 만든 전차로 경주를 벌이기도 했어. 그 후 바퀴는 섬유를 지어서 실을 만드는 물레, 물로 돌아가는 힘을 이용하는 수차, 바퀴의 둘레에 톱니가 나 있어 서로 맞물려 돌아가면서 힘을 전달하는 톱니바퀴, 바퀴에 끈이나 체인을 건 도르래 등에도 이용됐어. 우리 생활과 떼려야 뗄 수 없는 도구지.
그런데 바퀴를 이용하면 힘이 덜 드는 이유가 뭐냐고? 마찰력을 이용하기 때문이야.

메소포타미아 지역의 수레(왼쪽)와 고대 이집트 파라오 람세스2세의 전차(오른쪽)

바퀴가 구를 때 땅에서는 마찰력이 작용해서 바퀴를 뒤로 잡아당기겠지? 그런데 바퀴는 둥글기 때문에 그 힘이 앞으로 작용하게 돼. 결국 바퀴는 마찰력 덕분에 전진할 수 있는 거야.

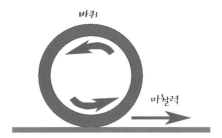

도르래

도르래는 적은 힘으로 무거운 물체를 높은 곳까지 올릴 수 있게 해 주는 도구야.

고정 도르래는 회전축을 고정시킨 도르래로, 힘을 주는 방향을 위가 아니라 아래로 바꿔 줘. 아래로 당기는 게 더 편하기 때문에 힘이 덜 드는 것처럼 느껴지지. 대신 물체를 그냥 위로 들 때와 드는 힘의 크기는 똑같아.

움직 도르래는 회전축이 움직이는 도르래야. 도르래와 물체가 함께 매달려 있는 모양이지. 힘의 방향을 바꾸어 주진 않지만 물체를 그냥 들어 올릴 때보다 힘은 1/2로 줄어들어. 양쪽의 줄이 무게를 나누어 감당하거든. 대신 잡아당기는 줄의 길이는 2배로 늘어나.

고정 도르래와 움직 도르래가 결합된 복합 도르래는 힘의 방향도 바꾸면서 물체를 들어 올리는 힘의 크기도 줄일 수 있어.

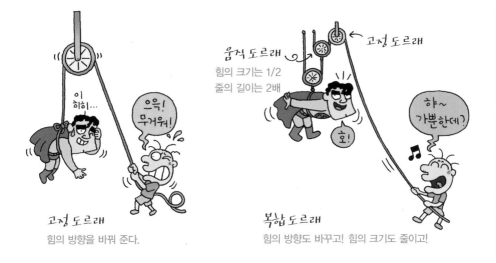

복합 도르래에 움직 도르래를 하나씩 추가할 때마다 힘의 크기는 1/2씩 줄어들어. 움직 도르래가 3개 있으면 드는 힘은 1/8로 줄어. 대신 잡아당기는 줄의 길이는 8배로 늘어나.

◯ 지레

이제 마지막으로 소개할 도구는 바로 지레야. 놀이터에서 볼 수 있는 시소가 바로 지렛대의 원리를 이용한 놀이기구이지. 지레에는 받쳐 주는 받침점, 물체의 무게가 작용하는 작용점, 힘을 작용해야 하는 힘점이 있어.

이때 힘점이 작용점보다 멀어질수록 물체를 들어 올릴 때 쓰이는 힘은 적게 들어. 대신 작용점이 받침점만큼 올라오게 하기 위해서 힘점을 받침점까지 누르는 거리는 늘어나지. 받침점에서 힘점까지의 높이가 작용점에서 받침점까지의 높이의 2배일 때 1/2의 힘만으로 물체를 들어 올릴 수 있어.

❶ 받침점에서 힘점까지의 높이
❷ 작용점에서 받침점까지의 높이

⚡ 투명인간의 등장

바로 앞이야~♬ 지금 니 눈앞에 내가 있잖아♪

"뭐야? 왜 그래?"

"트렌드봄버가 뭔가를 발견했나 보군."

그렇게 말한 마우스맨이 허리에서 표창을 꺼내더니 트렌드봄버가 비추는 불빛 끝을 향해 던졌다.

휘리릭!

바람을 가르는 소리가 날카롭게 허공을 찢었다. 뒤이어 어디선가 비명소리가 들려왔다.

"으아악! 쏘지 마세요! 항복! 무조건 항복!"

"엥?"

노빈손은 어리둥절한 표정을 지었지만, 마우스맨은 주저 없는 걸음으로 앞으로 나아가 공기를 움켜잡듯이 뭔가를 붙들었다. 그러자 아무것도 없는 허공에서 사람 목소리가 울려 나왔다.

"아얏! 왜 이러세요? 아파요!"

"역시 네놈이었구나. 투명인간!"

"네? 투명인간이라고요?"

노빈손이 화들짝 놀라자, 슈퍼마켓맨은 아무 말 없이 노빈손을 트렌드봄버의 운전석으로 밀어 넣었다. 앞유리창을 통해 허공을 바라본 노빈손은 깜짝 놀랐다. 분명 아무도 없었는데, 트렌드봄버의 유리창을 통해 보니 사람 형상을 가진 뭔가가 마우스맨의 손에 잡힌 채 버둥대는 것이 확실히 보였던 것이다. 마우스맨이 그를 끌고 이쪽으로 다가와 내팽개쳤다.

"도망칠 생각 마. 트렌드봄버가 다 보고 있으니까."

"이건……, 대체?"

"트렌드봄버의 능력 중 하나지. 적외선 감지를 통해 인간의 눈으로 볼 수 없는 영역을 볼 수 있어. 투명인간은 사람의 눈에 보이지 않지만 그렇다고 체온마저 지울 수 있는 건 아니거든. 트렌드봄버의 눈을 피할 순 없지."

그렇게 말한 슈퍼마켓맨이 트렌드봄버에게 물었다.

"어떻게 투명인간이 저기 있다는 걸 알고 적외선을 비춘 거지?"

주파수가 달라~♪ 일반 주파수가 아닌~ 특수 통신 주파수~♬

트렌드봄버의 대답에 슈퍼마켓맨이 중얼거렸다.

"그렇군. 일반 통신 주파수와 다른 전파가 솟아나는 걸 본 거라 이 말이지? 저 녀석이 누군가 다른 악당과 연락을 취하고 있는 중이었는지도 모르겠군."

"다른 전파라뇨?"

노빈손이 묻자 슈퍼마켓맨이 싱긋 웃으면서 대답했다.

"일반적인 휴대폰의 주파수는 주파수대가 정해져 있거든. 그러니 거

기서 벗어난 전파가 발신되고 있다면 일반
휴대폰이 아니라 무전기 같은 특수 통신
을 사용하고 있을 가능성이 있지. 트렌드
봄버는 전파들도 보고 구분할 수 있
다네."

"저 투명인간도 악당인가
요?"

"뭐, 악당 축에도 못 끼는 좀도둑
이지. 악당이라면 모름지기 숙적인 슈퍼
영웅이 있어야 하는데 투명인간에게는 없거든."

슈퍼마켓맨이 팔짱을 끼며 말했다. 그 말에 맞장구치듯 땅바닥에서 사정하
는 목소리가 들렸다.

"어이쿠, 그럼요. 저 같은 건 위대한 슈퍼영웅님들에 비하면 발톱의 때만
도 못하지요! 전 야망도 없고, 조직도 없습니다요. 그저 제 한 몸 투명하게 만
들어서 가끔 여탕에 숨어 들어가거나 바바리코트를 입고 사람들을 놀라게 하
는 정도에 그친답니다."

슈퍼마켓맨이 벌컥 화를 냈다.

"그게 기분은 더 찜찜하단 말이네!"

"아, 죄송합니다. 비유를 바꾸죠. 그냥 슈퍼마켓에서 소품을 슬쩍하는 정
도……."

"뭐라고! 우리 슈퍼마켓에서
껌이랑 복숭아 통조림 훔쳐간
게 너구나! 내놔! 4,560원!"

빛은 파동? 입자?

17세기 뉴턴은 빛이 입자들로 이루어져 있다는 이론을 펼쳤지만
19세기부터는 빛이 파동으로 전파된다는 주장(파동설)이 힘을 얻었
다. 1867년 맥스웰이 빛도 전자기파(서로 직각으로 움직이는 전기장
과 자기장)의 일종이라는 것을 밝힘으로서 파동설의 지위는 확고해
졌다. 하지만 1887년 헤르츠가 빛이 금속과 충돌할 때 전자를 방
출한다는 것을 밝혔고 1905년에 아인슈타인이 빛이 파동과 입자
의 성질을 동시에 가진다는 이론을 정립했다.

"슈퍼마켓맨, 진정해요!"

슈퍼마켓맨이 투명인간(으로 추측되는 빈 공간)에게 달려들려 하자 노빈손이 뜯어말렸다. 투명인간이 훌쩍거리기 시작했다.

"그래서 천벌을 받았나 봅니다."

"뭐? 무슨 소리야?"

마우스맨이 묻자 투명인간은 더욱 서럽게 울어 대기 시작했다.

"흑흑…, 저… 저 실은……."

심상치 않은 음성에, 슈퍼마켓맨과 노빈손은 숨을 죽이고 귀를 기울였다. 울먹거리던 투명인간은 결국 토해 내듯이 외쳤다.

"눈이 안 보여요!"

"뭐? 안 보이다니?"

"말 그대로예요! 어제까지 멀쩡하게 잘 보이던 눈이 오늘부터 보이질 않는 다고요! 어떻게 해야 할지 몰라서 아는 악당들에게 죄다 연락을 취해 보다가 이렇게 슈퍼영웅 나리님들께 딱 걸린 거예요. 아아, 이건 분명 제게 내려진 천벌입니다요!"

슈퍼마켓맨과 마우스맨이 서로를 마주보았다. 마우스맨이 미간을 찌푸리 자 슈퍼마켓맨이 중얼거렸다.

"이것도 '이상 현상'의 하나인가?"

"그럴지도 모르지. 하지만 네가 날지 못하는 것과 투명인간의 눈이 먼 것에 무슨 공통점이 있는지 모르겠군."

마우스맨이 그렇게 말하자, 투명인간의 놀란 목소리가 울렸다.

"네에? 슈퍼마켓맨 님이 하늘을 날지 못한다고요? 그럼 슈퍼마켓맨 님도 죄를 지은 게 아닐까요? 여탕에 숨어 들어갔다든가……."

슈퍼마켓맨이 발끈했다.

"너랑 똑같이 취급하지 마! 이 생쥐 같은 놈!"

슈퍼마켓맨의 말에 마우스맨도 발끈했다.

"생쥐 생쥐 하지 마! 듣는 쥐 기분 나쁘니까!"

슈퍼마켓맨과 마우스맨이 서로 노려보고 있는데 노빈손이 입을 열었다.

"이상하네요."

"그래. 투명인간이 갑작스레 눈이 멀다니 말이야."

"아니, 그게 아니라요. 원래 투명인간은 장님인 법이거든요."

"뭐?"

노빈손이 자신의 눈 밑을 잡아당겼다. 흰자위 아래 벌건 핏줄이 드러나자 슈퍼마켓맨이 움찔했지만, 노빈손은 개의치 않고 설명을 계속했다.

"우리 눈이 사물을 볼 수 있는 건, 사물에서 반사되어 나온 가시광선이 망막에 맺히기 때문이에요. 그런데 투명하다는 것은 빛이 반사되지 않고 그대로 통과한다는 뜻이죠."

노빈손의 말을 듣는 슈퍼마켓맨의 눈빛이 한없이 투명해지기 시작했다. 과학 설명을 전혀 이해하지 못하고 있는 모양이

빛의 종류

전자기파(빛)는 파장이 가장 긴 순서대로 장파, 단파, 초단파, 극초단파, 적외선, 가시광선, 자외선, X선, 베타선, 감마선 등으로 분류된다. 파장이 짧을수록 강한 에너지를 가지고 있다. X선은 투과성이 강해 의료용 사진을 찍을 때 많이 쓰이고, 베타선과 감마선도 에너지가 강해 살균할 때나 의료용 수술 광선으로 쓰인다. 가시광선만 눈으로 볼 수 있는 빛이고 극초단파부터는 라디오파라고도 하며 TV, 라디오, 휴대폰 등의 통신에 이용된다.

었다.

"즉, 투명인간은 망막이 투명해서 빛이 맺히지 않고 그냥 통과해 버리거든요. 그러니까 앞이 안 보이죠."

"말도 안 돼! 어제까진 멀쩡하게 보였는데!"

투명인간이 울부짖듯이 외쳤다. 마우스맨이 말했다.

"나도 그런 얘긴 처음 듣는데? 노빈손맨, 확실한가?"

"네? 당연하죠. 오히려 어제까지 볼 수 있었다는 게 더 이상하고……!"

그때였다. 노빈손의 머릿속에서 불꽃이 튀었다. 노빈손은 양손을 짝 마주치면서 외쳤다.

"그렇군. 그런 거였나!"

"그런 거라니?"

마우스맨이 묻자 노빈손이 고개를 들면서 입을 열었다.

"이 일련의 사건들 말이에요, 그건 바로……."

⚡ 결투의 시작

노빈손은 말을 끝맺지 못했다. 길 저편 시청 쪽이 갑자기 소란스러워졌기 때문이다. 사람들이 뛰어가며 외치고 있었다.

"키클롭이다! 키클롭과 마그네우스가 결투한다!"

"슈퍼영웅과 악당의 슈퍼파워 대결이다!"

한없이 투명한 눈빛을 흘리던 슈퍼마켓맨이 벌떡 일어섰다.

"키클롭이라고? 그렇다면!"

"네? 그게 누군데요?"

노빈손이 물었지만, 이미 슈퍼마켓맨과 마우스맨과 트렌드봄버는 노빈손에게 관심이 없는 듯했다. 셋 다 시청 쪽으로 전력질주하고 있었다.

홀로 남겨진 노빈손은 황급히 그들을 따라가려 했지만, 옆에서 누군가가 옷자락을 붙들었다.

"아이구 형님요, 이렇게 절 두고 가시면 어떡합니까?"

'서, 설마?'

노빈손은 고개를 돌려 자신의 옷자락을 보고 경악했다. 옷자락은 허공에 구겨진 채 혼자 떠 있었다. 노빈손을 붙든 것은 다름 아닌 투명인간이었던 것이다.

"저도 데려가셔야죠!"

"왜, 왜요? 당신은 악당이라면서요. 여기서 도망쳐야 하는 거 아니에요?"

"평소라면 그렇겠지만 전 지금 눈이 안 보인단 말입니다. 일반인들은 제가 말만 걸어도 귀신이라며 기겁할 거고, 다른 악당 지인들과는 연락이 안 되니 지금 절 도와줄 수 있는 건 슈퍼영웅님들밖에 없단 말입니다!"

말이 되는 듯 안 되는 듯한 논리였다. 노빈손은 한숨을 푹 쉰 뒤 공중부양 중인 자신의 옷자락 끝을 붙잡았다.

"알았어요. 내 손을 붙잡고 조심해서 따라와요."

"감사합니다! 아아, 이 맨들맨들한 감촉은 분명 노빈손맨의 머리통……. 자비로운 스님 같으신 분."

투명 망토의 개발

물체가 안 보이게 하려면 물체에 빛이 반사되지 않게 하면 된다. 메타 물질은 빛을 흡수하거나 반사하지 않고 돌아 지나가게 만든다. 메타 물질을 보면 그 뒤에 있는 사물을 보는 거라 메타 물질로 덮인 물체가 투명해진다. 메타 물질을 만들려는 노력은 우리나라는 물론 세계 각국에서 계속되고 있다. 아직은 나노(1/10억) 크기의 면적을 가리는 수준의 투명 망토만 개발됐지만 2026년쯤에는 큰 투명 망토 개발도 가능할 것이라고 한다.

"어딜 만지는 거예요! 기분 나쁘니까 당장 그만둬요!"

키클롭과 마그네우스

슈퍼마켓맨 일행이 헐레벌떡 달려간 곳은 시청 광장 앞 로터리였다. 수많은 사람들이 모여든 채 웅성거리며 구경하는 중이었다. 여기저기서 사진 찍는 효과음이 터져 나왔다.

인파의 중앙에 선 두 사내가 서로를 바라보며 대치하고 있었다. 오른편에 선 것은 검은 고글을 쓴 젊은 청년이었다. 반대로 왼쪽에는 나이가 지긋한 노인이 위풍당당하게 망토를 휘날리며 버티고 있었다.

투명인간의 손을 잡고 뒤늦게 도착한 노빈손이 헐떡거리며 물었다.

"저, 저기 두 사람은 누구예요?"

마그네우스 교수와 키클롭~♬ 돌연변이들~♪

노빈손의 질문에 트렌드봄버가 노래로 대답했다. 마우스맨이 팔짱을 끼면서 말했다.

"키클롭은 방사능을 쐰 뒤로 눈에서 빔이 나가는 슈퍼파워를 얻은 슈퍼영웅이지."

"눈에서 빔이 나가요? 레이저 빔?"

"그래. 그래서 평소에는 고글로 눈을 감추고 다녀. 키클롭의 레이저 빔은 엄청나게 강력하기 때문에 콘크리트 벽도 한 방에 관통할 정도거든."

그렇게 말한 마우스맨은 턱짓으로 망토 두른 노인을 가리켰다.

"마그네우스 교수는 자기력을 자체 발생시켜서 쇳덩어리를 자유자재로 움직이는 악당이야. 트렌드봄버 같은 녀석과는 상극인 셈이지."

그 순간 사람들 사이에서 우~ 하는 환성이 일었다. 키클롭이 손을 얼굴 옆에 갖다 댔던 것이다. 고글을 벗으려는 동작임을 눈치챈 마그네우스 교수가 상반신을 앞으로 숙이며 망토로 몸을 감쌌다. 키클롭이 내뱉듯이 말했다.

"마그네우스! 잘도 나타났구나. 오늘 여기가 네 무덤이 될 것이다!"

"후후, 그 말 그대로 돌려주마, 키클롭! 박달나무 코트를 입고서 잠들도록 해 주지!"

진부하기 짝이 없는 대사를 읊은 두 사람은 스마트폰과 디지털카메라를 들고 모여든 수많은 관중을 은근히 의식하면서 천천히 대결 포즈를 취했다. 서로 더 멋진 포즈를 하려고 신경전을 벌이고 있는 것이 분명했다. 슈퍼마켓맨이 손을 들면서 그 사이에 끼어들었다.

"잠깐! 이렇게 사람 많은 데서 결투를 할 셈인가? 위험하지 않은가!"

"비켜라, 슈퍼마켓맨! 오늘은 우리 두 사람의 결전일이다! 누구도 방해할 순 없어!"

마그네우스 교수가 카랑카랑한 목소리로 외치며 왼손을 휘둘렀다. 키클롭도 고개를 끄덕이며 고글에 다시 손을 갖다 댔다.

"맞아, 슈퍼마켓맨! 남이 하면 잡탕찌개고 자기가 하면 부대찌개라더니. 너도 조금 전까지 저기서 교봇빌딩보다 더 큰 로봇이랑 분탕질을 벌였잖아!"

"그건 어쩔 수 없는 상황에서 그랬던 거였네!"

슈퍼마켓맨이 필사적으로 제지했지만, 키클롭은 아랑곳없이 시선을 마그네우스 교수에게 돌렸다. 마우스맨이 이해가 안 간다는 듯이 말했다.

"희한하군. 왜 갑자기 이런 광장에서 결투를 벌이겠다는 거지? 키클롭이 저렇게 배짱 있는 놈이 아닐 텐데?"

그 의문에 대답하듯, 키클롭 뒤에서 누군가가 새된 목소리로 고함을 쳤다.

"자기! 힘내! 파이팅~!"

빨간 하이힐을 신은 미모의 여성이 손을 흔들면서 팔짝팔짝 뛰고 있었다.

그 모습을 본 마우스맨은 갑

방사능에 쏘인다고 초능력을 얻을 수 있을까?
물질 중에 불안정한 원소를 가진 것이 있다. 이 물질의 원자핵을 분열시키면 강력한 열과 에너지와 함께 방사능을 방출한다. 방사능은 파장이 극히 짧은 전자기파로 생명체가 방사능에 쏘이면 세포가 파괴된다. 약한 수준의 방사능에 노출돼도 수십 년 내에 백혈병 및 암에 걸릴 위험성이 높아진다. 2시버트 이상의 방사능에 노출되면 사망률이 높아지는데 7시버트 이상만 쐐도 골수가 완전히 파괴되며 감염과 내부 출혈로 사망하게 된다.

자기 모든 것을 이해했다는 표정을 짓더니 양손으로 관자놀이를 문지르기 시작했다. 노빈손의 입이 약간 벌어졌다.

'아니, 그럼 지금 여자 친구한테 잘 보이려고 광장에서 결투를 한다는?'

여자 친구의 응원이 효과가 있었는지 키클롭이 기세 좋게 소리를 질렀다.

"자기야, 나만 믿으라고! 커플의 창창한 앞길을 막는 악당, 마그네우스! 여기서 끝이다!"

"시끄럽다! 노인 공경도 모르는 커플 따윈 이 마그네우스가 깨뜨려 주마!"

어쩐지 결투의 목적이 뭔가 이상한 것 같다. 노빈손은 또 골치 아픈 일에 휘말릴 것만 같은 불길한 예감에 진저리를 쳤다.

흩어진 레이저 빔

마침내 키클롭이 고글을 홱 벗었다. 그러자 반대편에 있었던 사람들에게서 비명이 울렸다.

"으아악~! 레이저 빔이다!"

"물러서! 물러서라고!"

요란한 아우성과 동시에 키클롭의 눈에서 눈부시게 붉은 광선이 뿜어져 나왔다.

그런데…….

"어라?"

노빈손이 눈을 끔벅거렸다. 순간 적막이 흘렀다. 반대편에서 대비하고 있던 마그네우스 교수마저 얼빠진 표정으로 입을 멍청히 벌렸다.

키클롭의 눈은 마치 자동차의 붉은 전조등을 켜 놓은 것처럼 번쩍번쩍 빛났다. 오직 그뿐이었다. 일직선으로 주욱 뻗어 나가야 할 키클롭의 레이저 빔은 없었다. 눈에서 발사되는 빔은 파괴력 있게 일직선으로 뻗어 나가는 대신 부챗살 모양으로 퍼지면서 햇살 아래 흩어지고 있었다. 슈퍼마켓맨과 마우스맨이 황당하다는 표정으로 그 광경을 바라보았다.

"아… 아니, 이게 어떻게 된 거지? 왜 레이저 빔이 안 나가는 거야!"

고글을 들었다 났다 하면서 안절부절못하던 키클롭은 뒤에서 다가오는 인기척을 느끼고 돌아보았다. 조금 전까지 뒤에서 키클롭을 응원하던 여자 친구가 싸늘한 시선으로 그를 쏘아보고 있었다.

"아, 저, 저기 이건……."

"이 거짓말쟁이! 뭐? 눈에서 빔이 나가는 슈퍼영웅이라고? 그런 황당한 거짓말로 날 꼬드겨 놓고서. 이렇게 수많은 사람들 앞에서 망신을 줘? 다시는 연락하지 마!"

한마디 변명도 듣지 않고 속사포처럼 쏘아붙인 그녀는 몸을 휙 돌리더니 인파를 헤치고 사라졌다. 이를 지켜본 많은 사람들은 약속이나 한 듯이 입을 다물었다. 길 위로 더없이 무거운 침묵이 내려앉았다. 정적 속에 홀로 남겨져 멍하니 서 있던 키클롭이 한참 후에야 입술을 달싹거렸다.

"하, 하하……."

"키클롭?"

슈퍼마켓맨이 조심스럽게 말을 붙였지만, 그 뒷말을 막으려는 듯이 키클롭의 입에서 부자

레이저(LASER)랍?

'Light Amplification by Stimulated Emission of Radiation'의 약자로 '에너지 방사의 유도 방출에 의한 빛의 증폭'이라는 뜻이다. 물질의 원자는 에너지를 받으면 곧 낮은 에너지로 떨어지려고 하는데 이때 빛을 방출한다. 이러한 현상이 잘 일어나는 물질이 레이저 매질로 쓰인다. 레이저 매질을 공진기에 채우고 양쪽에 거울을 달고 에너지를 가하면 매질에서 빛이 방출되고 이 빛이 거울 사이를 왔다 갔다 하면서 주변의 원자들을 자극하면서 더욱 많은 빛이 방출된다. 이것이 레이저다.

연스럽게 들뜬 목소리가 흘러나왔다.

"아, 하하하하하! 괘, 괜찮아. 세상 사람의 절반은 여자잖아?"

"……."

"벼, 별로 여자 친구를 사귀고 싶어서 일부러 이런 자리를 만든 건 아니라고! 괜찮아!"

"……."

"난 지구를 지키느라 바쁜 몸이니까! 여자 친구 따윈… 만날 시간이……."

키클롭의 목소리가 점점 울먹거리며 잦아들었다.

⚡ 지지 마라, 키클롭

한동안 흘렀던 정적을 깨뜨린 것은 힘찬 박수 소리였다.

짝, 짝, 짝, 짝……

박수 소리의 주인공은 다름 아닌 슈퍼마켓맨이었다. 슈퍼마켓맨이 눈물을 펑펑 흘리면서 박수를 치고 있었다.

"힘내라! 키클롭!"

그 뒤를 잇듯이, 주위를 둘러싼 사람들 중 수많은 청년들이 울먹이면서 박수를 치기 시작했다. 드넓은 아스팔트 위에 따뜻한 응원의 박수 소리가 가득 찼다.

"힘내라! 키클롭!"

"기죽지 마! 키클롭!"

"이겨라! 키클롭!"

그러나 정작 키클롭 본인은 흘러나오는 눈물을 억지로 훔치며 사람들의 따뜻한 응원을 거부하고 있었다.

"그만둬! 동정 따위 필요 없어! 박수 치지 마! 사진 찍지 마! 그만해!"

두 팔을 필사적으로 내젓는 키클롭의 처절한 목소리가 하늘 아래 길게 울렸다. 그 모습을 바라보던 노빈손이 한숨을 쉬며 중얼거렸다.

"쥐구멍에라도 들어가고 싶겠다……."

"쥐 쥐 하지 말랬지!"

마우스맨이 벌컥 고함을 질렀다. 마그네우스 교수가 망토를 펄럭이며 승리의 웃음을 커다랗게 터뜨렸다.

"하하하하! 정말 한심하군. 여자 친구 하나 사귀지 못해서 그 모양이라니!"

그 말을 들은 키클롭과 청년들은 분노에 가득 차 마그네우스를 일제히 째려보았다. 키클롭이 발을 쿵 구르며 소리를 질렀다.

"이 사악한 악당! 용서치 않겠다!"

"맞아! 젊은이의 적!"

"경제 부양에 전혀 도움 안 되는 인간!"

의미를 알 수 없는 야유가 마그네우스 교수에게 쏟아졌다. 그러나 마그네우스는 얼굴빛 하나 변하지 않고 뒷말을 이었다.

"그렇게 칠칠치 못하니까 네놈이 슈퍼영웅들의 X맨이라고 불리는 거다! 거미줄을 발사하지 못하는 스파이더맨처럼 쓸모없는 녀석!"

스파이더맨의 거미줄

스파이더맨은 손에서 거미줄을 뿜어내며 빌딩 사이를 자유롭게 누빈다. 하지만 실제 거미는 항문 쪽에 있는 실젖에서 거미줄을 뽑아낸다. 거미줄은 질기고 신축성이 좋은데 같은 굵기라면 강철보다 10배쯤 강하고 고무줄보다 1,000배쯤 신축성이 좋다고 한다. 이 거미줄을 끊임없이 자유자재로 뽑아내는 장치를 만들 수 있다면 스파이더맨처럼 활약하는 것은 가능할 것이다. 이 거미줄 유전자를 이용해서 신소재를 개발하려는 연구는 한창 진행되고 있다.

수수께끼는 풀렸다

"아니에요."

노빈손이 큰 소리로 외쳤다. 모든 사람들의 시선이 노빈손에게로 쏠렸다. 마우스맨이 놀란 눈으로 노빈손을 바라보았다.

"무슨 소리야?"

"레이저 빔이 나가지 않은 건 키클롭의 문제가 아니라고요."

마그네우스에게 야유를 퍼붓던 청년들은 '지금 이 판국에 레이저 빔이 문제인가'라는 시선으로 노빈손을 바라보았지만, 노빈손은 꿋꿋하게 과학적인 해명을 시작했다.

"강력한 레이저 빔을 만들기 위해서는 엄청난 에너지가 필요한데 사람의 눈에서 어떻게 그런 에너지를 만들겠어요? 빛이 나온다는 것도 사실 말이 안 된다고요."

"하지만 전에는 멀쩡히 레이저 빔을 발사했는데?"

거기까지 말한 슈퍼마켓맨이 숨을 들이켰다.

"잠깐, 그렇다면⋯⋯."

"맞아요. 이것도 '이상 현상' 가운데 하나예요!"

그렇게 외친 노빈손은 씨익 웃으면서 손가락으로 V자를 그려 보였다.

"그리고 전 드디어 이 현상들의 공통점을 알아냈어요! 수수께끼는 모두 풀렸다!"

"뭣이?"

마우스맨이 노빈손의 어깨를 붙잡았다. 슈퍼마켓맨도 다그치듯이 물었다.

"그게 뭔데?"

노빈손은 마우스맨의 손을 밀어내면서 뜸 들이듯이 천천히 입을 열었다.

"물리 법칙이에요."

"물리 법칙?"

"간단한 거예요. '물리 법칙을 배반하는 현상'들이 줄줄이 실패하고 있는 거라고요. 사람이 하늘을 날고, 로봇이 아무 장치 없이 두 발로 걷고, 눈에서 레이저 빔이 나가다니……. 그런 일이 있을 리가 없잖아요?"

그렇게 잘라 말한 노빈손은 주위의 의아한 시선을 깨닫고 주춤했다. 슈퍼영웅들은 물론이고 사람들도 이상하다는 눈으로 갸우뚱거리며 노빈손을 쳐다보고 있었다.

"왜, 왜들 그래요?"

"물리 법칙을 배반하는 현상이라니? 그게 뭐지?"

"그러니까……, 비과학적이란 말이죠."

"비과학적이라니? 뭐가? 우린 이제까지 평생 그러면서 살아왔는걸?"

슈퍼마켓맨은 '과학'이라는 단어를 처음 들어 본 양 순진무구한 눈으로 되물었다. 이번에는 노빈손의 말문이 막혔다. 온갖 생각이 머릿속을 맴돌기 시작했다.

'평생 그래 왔다고? 그럴 수가 없는데……. 도대체 누가 이상한 거지? 내 기억이 조작된 걸까, 아니면 슈퍼영웅이라는 이 사람들의 기억이 조작된 걸까? 잠깐! 슈퍼영웅이라고? 어제까지만 해도 슈퍼영웅들이 이 세상에 실제

레이저의 성질

레이저는 레이저 매질의 종류에 따라 색깔과 특성이 다르다. 레이저의 빛은 퍼지지 않고 세기가 줄어들지 않은 채 멀리까지 진행될 수 있는데 이 특성은 광통신과 거리와 위치를 측정하는 장비에 이용된다. 또 짧은 시간 많은 빛이 방출되도록 하면 매우 강력한 에너지를 가진 레이저를 만들 수 있는데 이는 종양 제거, 라식 수술, 흉터 제거 등의 의료용으로 유용하게 쓰인다. 이밖에도 레이저는 레이저프린터, 지폐에 들어가는 홀로그램, 용접 등 우리 생활 곳곳에서 쓰이고 있다.

로 살고 있다는 얘긴 듣지도 못했어. 어떻게 된 거지? 아이고, 골치야!'

수많은 의문 때문에 머리가 아파진 노빈손은 털도 없는 머리통 위를 두 손으로 마구 휘저었다. 팔짱을 낀 채 집게손가락으로 팔뚝을 탁탁 두드리던 마우스맨이 말했다.

"노빈손맨, 지금 발언은 마치 네 숙적인 크루소 박사가 좋아할 것 같은 내용이야. 네가 그런 말을 하다니, 믿기 어려운걸."

"제 숙적이라고요?"

깜짝 놀란 노빈손이 되물었다. 그러고 보니, 자신이 정말로 이들이 말하는 '노빈손맨'이라면 자신에게도 맞대결 상대인 악당이 있을 터였다. 숙명적으로 물리쳐야 할 악당이라……. 왠지 만나 보지도 않은 상대에게 무한 애증이 솟구치는 듯했다. 마우스맨이 말을 이었다.

"그래. 악당 로빈슨 크루소 박사 말이야."

"로빈슨… 크루소요?"

많이 들어 본 것처럼 익숙한 이름이었다. 노빈손이 조심스럽게 물었다.

"뭐 하는 사람이에요?"

"연금술사랬지, 아마?"

마우스맨이 슈퍼마켓맨을 넘겨다보았다. 슈퍼마켓맨은 뒷통수를 슥슥 긁으면서 자신 없는 말투로 말했다.

"음…, 그랬던 것 같아. 그자가 노빈손맨을 만든 거 아니었나?"

"뭐라고요?"

"로빈슨 크루소 박사가 자신의 DNA를 복제해서 슈퍼파워를 가진 복제 인간을 만들려다가 실수로 정의의 마음을 가진 노빈손맨을 탄생시킨 거였지?"

"뭐, 뭐라고요?"

너무도 놀라운 자신의 출생 비밀(?)을 들은 노빈손은 그 자리에서 얼어붙어 버렸다. 그러나 마우스맨은 손가락을 좌우로 까딱거리면서 부정했다.

"그랬나? 내 기억으로는 노빈손맨의 배다른 형제였던 것 같은데."

아니다~♬ 노빈손맨의 숨겨진 친아버지가 크루소 박사다~♪♬

"잠깐! 내 과거라는 게 왜 하나같이 아침드라마마냥 배배 꼬인 거예요?"

노빈손이 꽥 고함을 지르자, 슈퍼마켓맨이 다 이해한다는 미소를 보이며 그의 어깨를 탁탁 두드렸다.

"부끄러워할 것 없네, 노빈손맨. 슈퍼영웅이라면 누구나 아픈 과거 하나쯤은 갖고 있는 걸세."

"그런 문제가 아니잖아요!"

노빈손이 길길이 뛰는 가운데 마우스맨이 한마디를 보탰다.

"아니야, 로빈슨 크루소 박사가 노빈손맨 어머니의 옛날 애인이었어."

"크아악! 남의 출생 소문을 동네 주부들처럼 속닥거리지 마!"

마그네우스 교수의 최후

"이것들이! 지금 우릴 무시하는 거냐?!"

슈퍼영웅들이 노빈손을 놓고 와글와글 떠들고 있는 사이, 뒤에서 사자후가 터져 나왔다.

획 뒤를 돌아보니, 마그네우스 교수가 씩씩대며 얼굴이 벌게진 채로 이쪽을 노려보고 있었다. 그 옆에 넋이 나간 표정으로 하늘을 보며 계속 뜻 모를 소리를 중얼거리고 있는 키클롭이 보였다. 노빈손이 탁 이마를 쳤다.

"아, 참! 깜박 잊고 있었네요."

"뭣이? 이런 어르신 말씀 경청할 줄도 모르는 슈퍼영웅 놈들, 내가 정의의 이름으로 너흴 용서치 않겠다!"

"그건 세계 정복을 노리는 악당이 할 말은 아닌 것 같은데……."

노빈손은 그렇게 중얼거렸으나 마그네우스 교수는 개의치 않고 기합을 모았다.

"하압~!"

"앗! 안 돼요! 지금 비과학적인 현상은 모조리 거부당하고 있다고요! 슈퍼 파워를 썼다간 무슨 일이 일어날지 몰라요!"

깜짝 놀란 노빈손이 마그네우스 교수를 말리려 손을 내저었지만 이미 때는 늦었다. 슈퍼마켓맨은 다른 사람들의 앞을 막아서며 오른팔을 앞으로 내밀어 방어 자세를 취했다.

"이런! 마그네우스 교수의 공격이 온다! 모두 피해!"

"가라! 쇳덩어리들아!"

무릎을 굽힌 채 반쯤 앉은 자세를 취한 마그네우스 교수는 양손을 앞으로 뻗으며 기합을 토해 냈다.

그 순간, 마그네우스 교수의 몸에서 눈부신 빛이 번쩍 뿜어져 나왔다.

파지지직!

동시에 정체불명의 전기 파열음이 들려오며 머리카락이 타는 것 같은 냄새가 풍겼다. 교수가 찢어지는 목소리로 비명을 질렀다.

"끼야아아아아아오옹!!"

놀란 사람들은 저마다 뭐라고 외치며 황급히 뒷걸음질했다.

이윽고 빛이 사그라들자 머리가 온통 번개 맞은 것처럼 꼬불꼬불하게 타 버리고 피부가 온통 새까맣게 변한 마그네우스 교수의 모습이 나타났다. 석쇠

자기력이란?

자석 성분끼리 밀고 당기는 힘으로 자연계에 자연적으로 존재하는 힘이다. 기원전 고대 그리스와 고대 중국에서는 이미 자석의 존재를 알고 있었다. 중국에서는 이미 3천 년 전에 자석으로 나침반을 만들어 사용하기도 했다. 자석은 N극과 S극으로 구분하는데 같은 극끼리는 서로 미는 척력이 작용하고 다른 극끼리는 서로 당기는 인력이 작용한다. 지구의 북극이 S극의 성질을 가지고 있기에 자석의 N극이 북극을 가리키고, 지구의 남극이 N극의 성질을 가지고 있기에 자석의 S극이 남극을 가리키는 것이다.

에 굽다 만 오징어처럼 처참한 몰골이었다.

털썩!

마그네우스 교수가 그 자리에 쓰러졌고 키클롭이 소리를 지르며 달려갔다.

"마그네우스 교수!"

그래도 싸우다 정 든다고 챙겨 주는 건 숙적밖에 없다.

"이게 도대체 무슨 일이야? 누군가가 번개로 기습한 건가?"

눈이 쟁반만 하게 커진 슈퍼마켓맨이 주변을 두리번거렸다. 노빈손이 한숨을 쉬면서 대답했다.

"그게 아니에요. 교수 혼자서 자폭한 거라구요. 그래서 무슨 일이 생길지

모르니까 슈퍼파워를 쓰는 걸 막으려고 했는데……."

"뭐라고? 그게 무슨 소리야? 마그네우스 교수의 슈퍼파워는 자기력을 발생시키는 거라고. 번개 치는 능력이 아니란 말이야. 그런데 어떻게 번개를 맞을 수 있어?"

마우스맨이 납득이 안 간다는 말투로 대꾸했다. 노빈손은 고개를 흔들며 간단히 설명했다.

"철로 된 물건을 들어 올리려면 엄청난 자기력이 필요해요. 그런데 자기력을 만드는 건 바로 전기력이에요."

"뭐라고?"

"엄청난 자기력을 만들어 내려면 그만큼의 전기량과 열이 필요해요. 만일 인간의 몸에서 그런 자기력을 만들려고 했다간 일단 전기에 의해 통구이가 돼 버릴걸요."

설명을 들은 마우스맨은 움찔하더니 묘한 눈빛으로 뚫어져라 노빈손을 응시했다. 차가운 그 눈길에 주눅이 든 노빈손은 한 걸음 뒤로 물러섰다.

"왜, 왜 그러세요! 전 분명히 마그네우스 교수한테 자기력을 쓰지 말라고 경고했단 말이에요."

"그게 아니야."

마우스맨이 턱을 치켜들면서 팔짱을 끼고 노빈손을 노려보았다.

"너, 정말 노빈손맨이 맞아?"

"무슨 소릴 하는 거야, 마우스맨? 지금 노빈손맨을 의심하는 건가?"

슈퍼마켓맨의 휘둥그레진 눈이 이번에는 마우스맨에게로 향했다. 마우스맨이 입술을 짓씹듯이 말을 내뱉었다.

"아무래도 수상해. 과학을 강조하면서 물리 법칙으로 모든 것을 설명하려

드는 저 태도……. 그건 노빈손맨이라기보단, 오히려 연금술사 로빈슨 크루소 박사의 사고방식에 가까워."

"에엑?"

노빈손의 낯빛이 새파래졌다. 슈퍼마켓맨이 둘 사이에 끼어들었다.

"하지만 얘는 틀림없는 노빈손맨이잖아. 이렇게 희한하게 생긴 사람이 또 있을 리 없어!"

"어떻게 확신하지? 얘는 노빈손맨으로서의 기억도 없어. 어쩌면 진짜 노빈손맨은 어디엔가 감금됐고 저자는 로빈슨 크루소 박사의 앞잡이일지도 몰라."

마우스맨의 말투가 벼린 칼날처럼 차가웠다. 등골이 서늘해지는 것을 느낀 노빈손은 매달리는 눈빛으로 슈퍼마켓맨을 바라보았다. 슈퍼마켓맨은 골치가 아프다는 표정으로 뒷통수를 슥슥 긁더니 입을 열었다.

"하긴, 내가 아는 노빈손맨이 이렇게 똑똑하진 않지."

크헉!

그 순간, 노빈손은 자신에게 노빈손맨의 기억이 전혀 없음에도 불구하고 이상하게 자기가 욕먹고 있는 것 같은 묘한 기분에 사로잡혔다. 슈퍼마켓맨은 바로 뒷말을 이었다.

"하지만 난 동료를 의심하고 싶지 않네. 노빈손맨은 틀림없는 우리의 친구일세! 그는 트렌드봄버에게 조언을 해 주었고, 날 구하러 옥상까지 뛰어 올라왔고, 우릴 도와 메가스톤으로부터 사람들을 지키기 위해 최선을 다했으며,

연금술이랍?

금이나 불로장생약을 만들려는 기술이다. 신비주의적이고 주술적 성격이 강하다. 만물은 물, 불, 흙, 공기의 4원소로 이루어져 있으며 각각의 분량을 조절하면 물질의 상태가 변한다는 고대 그리스의 철학자 아리스토텔레스의 4원소설을 기반으로 삼고 있다. 연금술이 지속된 2000년 동안 금이나 불로장생약은 만들어 내지 못했지만 그 과정에서 물질의 특성에 대한 연구가 축적되어 근대 과학의 기초가 되었다. 18세기 프랑스의 과학자 라부아지에가 원소 개념을 정립함으로써 연금술의 시대가 마감되었다.

지렛대라는 슈퍼파워로 사람을 구하기까지 했고, 마그네우스 교수의 무시무시한 자기력 앞에서도 물러서지 않았어. 이제까지 그는 충분히 정의로운 마음을 증명해 보였다네. 안 그런가?"

솔직히 반 억지로 끌려다녔던지라 조금 양심에 찔리기는 했지만, 노빈손은 열심히 고개를 끄덕여 보였다. 뒤에 있던 트렌드봄버도 슈퍼마켓맨의 말에 찬성한다는 듯이 경적을 빵빵 울려 댔다. 두 슈퍼영웅을 번갈아 쳐다보던 마우스맨은 이윽고 한숨을 푹 내쉬었다.

"좋아. 일단은 같이 행동하도록 하지."

그러더니 노빈손을 향해 집게손가락을 겨누며 삿대질을 했다.

"하지만! 난 아직 널 인정하지 않았어! 잊지 말라고!"

"아…, 알겠습니다."

대놓고 의심하는 태도임에도 불구하고 노빈손이 순순히 대답하자, 마우스맨은 미안한 건지 당황한 건지 얼굴이 빨개지더니 토라진 것처럼 고개를 홱 돌렸다.

"흥! 불만이 있으면 빨리 잃어버린 기억이나 되찾도록 해!"

'뭐야, 이 사람…… 매몰차게 말하는 것치곤 꽤 마음이 여린걸?'

그렇게 생각한 노빈손은 새삼스런 눈으로 마우스맨을 올려다보았다. 노빈손의 시선을 느꼈는지, 마우스맨은 볼이 빨개진 얼굴로 먼 하늘만 올려다보았다.

한편 슈퍼영웅들 뒤에서 까맣게 그을린 채 신음하는 마그네우스 교수를 끌어안은 키클롭이 대성통곡을 하고 있었다.

전기력이란?

전기력은 전자의 흐름에 의해서 생기는 에너지를 지칭한다. 물질의 원자 안에 있는 전자 또는 공간에 떠도는 자유 전자나 이온들의 움직임 때문에 생기는 에너지의 한 종류이다. 음전기와 양전기 두 가지의 형태가 있는데 같은 종류의 전기는 밀어 내고 다른 종류의 전기는 끌어당기는 힘을 가진다. 19세기에 전기력과 자기력이 근본적으로 같은 힘이라는 것과 자기력의 변화로부터 전기력이 만들어질 수 있고 전기력의 변화로부터 자기력이 만들어질 수 있다는 사실이 밝혀졌다.

"교수님~! 제 리포트에 학점은 주고 가셔야지요!"

"홋, 자네는 이미 나를 능가했네, 키클롭…… . 아니, 진짜 나의 아들, 키클롭우스…… ."

"아니, 이럴 수가! 아버지~."

중간 전개를 생략한 채 드라마의 절정 장면에 돌입한 두 사람을 향해 시청 광장 너머에서 경찰차가 사이렌을 울리며 달려오고 있었다.

"슈퍼영웅 여러분과 악당 마그네우스 교수에게 알립니다. 여러분은 불법으로 차도를 점거하여 심각한 교통 불편을 유발하고 있습니다. 지금 즉시 인도로 올라가 주시기 바랍니다. 반복합니다…… ."

여기는 자기력과 전기력이 서로 노려보고 있는 결투의 현장이야.
불빛이 마구 번쩍번쩍 하는가 하면 나침반의 자침이 빠르게 왔다 갔다 하기도 하고
난리도 아니지. 서로 자기가 더 세다고 주장하는 중이야. 전기력과 자기력은
도대체 어떻게 생기는 힘일까? 직접 들어 보자.

전기력 (여러 갈래로 갈라진 빛기둥이 번쩍 하는 불빛을 내뿜는다) 우르르 쾅쾅!

자기력 처음부터 이렇게 기선 제압하기냐? 누군 번개 특수 효과 사용할 줄 몰라서 안 하나?

전기력 이건 특수 효과가 아니다. 원래 나는 등장할 때 이런 소리가 난다.

자기력 이유를 설명해라!

전기력 너 혹시 '전하'라고 아냐?

자기력 내가 그것도 모를까? 왕을 부르는 칭호잖아.

전기력 쯧쯧, 무식하기는. 우선 원자에 대해 설명해야겠군. 원자는 물질을 구성하는 최소 단위다. 이 원자는 원자핵과 전자로 이루어져 있지. 원자핵은 또 양성자와 중성자로 이루어져 있고. 전하는 이런 입자들이 가진 성질이라고 할 수 있다. 양성자는 +전하를, 전자는 −전하를 가지고 있고 중성자한텐 전하가 없다. 여기까지 알겠나?

![자기력] 어려운 말들을 늘어놔서 나를 혼란스럽게 할 참이군. 음하하. 하지만 나는 다 이해했다. 계속해라.

![전기력] 원자는 기본적으로 양성자와 전자의 숫자가 같다. 즉 +와 −가 서로 균형을 이루어 아무 성질도 안 띠고 있다는 말이다. 그런데 마찰 등에 의해 접촉하게 되면 전자가 이동하게 된다. 전자는 원래 원자핵 주변을 돌고 있었는데 마찰 등의 충격으로 떨어져 나갈 수 있다. 그러면 전자를 잃어버린 쪽은 +전하를, 전자를 얻은 쪽은 −전하를 띠게 된다.

![자기력] 그게 번개 치는 것과 무슨 상관이냐?

![전기력] 같은 부호의 전하끼리는 서로 밀어 내고 다른 부호의 전하끼리는 서로 잡아당긴다. 우선 이걸 알아 둬라.

![자기력] 너희만 그런 줄 아냐? 자석에도 +극과 −극이 있다. 같은 극끼리는 밀어 내고 다른 극끼리는 서로 잡아당기지.

![전기력] 그럼 이해하기 쉽겠군. 그럼 번개에 대해 말해 주지. 구름은 미세한 물방울들로 이루어졌다. 이 물방울들이 서로 부딪치면서 +전하와 −전하로

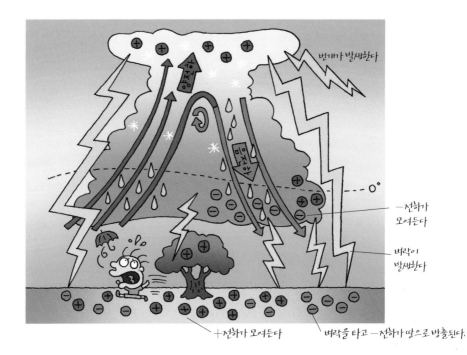

나뉘게 되지. 이 전하가 서로 부딪치면서 에너지가 커지면 어느 순간 공기를 타고 흘러 불꽃을 일으켜. 이것이 번개다. 번개가 땅에 떨어지는 것을 낙뢰 또는 벼락이라고 부른다. 보통 −전하는 구름 아래쪽에 많이 모인다. −전하가 더 무겁기 때문이지. 그러면 이 −전하에 끌려 땅에 +전하가 모이게 된다. 그리고 −전하가 빠르게 땅의 +전하 쪽으로 이동하면서 벼락이 치는 거다. 이걸 방전이라고도 한다. 전하의 개수를 맞추기 위해 −전하가 방출되는 현상이니까.

 자기력 번개 치는 건 1초밖에 안 걸리는데 설명은 참 기네.

전기력 나에 대해 알아 둬야 할 건 아직 많이 남았다. 전압과 전류와 저항도 기억하라고! 전압은 다른 말로 전위차(전하의 위치에너지 차이)라고 한다. 물체가 높은 곳에서 낮은 곳으로 떨어지는 것처럼 전하도 전위가 높은 곳에서 낮은 곳으로 움직인다. 전위차가 클수록 전압이 크고 전위차가 작을수록 전압이 작다. 전류는 전자의 흐름이다. 처음에 과학자들은 전류가 +전하에서 −전하 쪽으로 움직인다고 생각했지만 나중에 −전하를 가진 전자가 +전하 쪽으로 움직인다는 사실이 밝혀졌다. 그래서 전자가 움직이는 방향과 전류의 방향은 반대다. 저항은 전류의 흐름을 방해하는 작용이다.

자기력 정말 복잡하군.

전기력 전압과 전류와 저항을 한 번에 나타낼 수 있는 공식이 있다.

$$I_{전류} = \frac{V_{전압}}{R_{저항}}$$

전압이 일정할 때 저항을 크게 하면 전류가 줄어들게 되고, 저항을 줄이면 전류가 커지게 되지. 그리고 저항이 일정할 때는 전압을 크게 하면 전류가 커지고 전압이 작아지면 전류가 작아진다. 마지막으로 전류가 일정할 때는 전압을 크게 하면 저항이 커지고 전압을 낮추면 저항이 줄어들게 된다.

자기력 그렇다면 전기는 왜 이렇게 널리 쓰이게 된 건가? 안 쓰이는 곳이 없어.

전기력 전기는 열을 낼 수 있고 운동 에너지로 변환될 수 있기 때문이다. 현대

사회에서 전기가 없다면 생활이 불가능할걸. 어때? 내가 더 뛰어난 힘인 게 확실하지? 어서 인정해!

자기력 하지만 네가 모르는 게 있다. 발전소에서 전기가 어떻게 만들어지는지 아나?

전기력 그럼 네가 내 출생의 비밀을 안단 말이냐?

자기력 19세기 영국의 물리학자 맥스웰이 전기력이 사실은 자기력과 같은 힘이라는 사실을 밝혔다. 영국의 과학자 패러데이는 전자기 유도라는 원리를 밝혀냈지. 전자기 유도 법칙에 의해 자기장으로 전기장을 만들어낼 수 있다. 이걸 이용해서 발전기를 만든다.

전기력 (충격 받은 목소리로) 그렇다면 네가, 네가……. 도대체 어떻게?

자기력 그렇다. 전기를 만들어 내기 위해서는 도선 주위에서 자석을 움직이거나 자석을 그냥 두고 도선을 움직이기만 하면 된다. 다시 말해 자기장의 방향이 바뀌면 전기장이 도선을 통해 형성된다. 실제로 사용되는 발전기에서 커다란 도선 뭉치를 만들어 놓고 그 가운데서 강한 자석을 빠른 속도로 회전시키거나, 반대로 강한 자석을 만들어 놓고 그 가운데서 코일을 돌린다고 한다. 자석이나 코일을 돌리는 데 필요한 동력을 얻는 방법에 따라 수력 발전, 화력 발전, 원자력 발전 등으로 구분된다. 결론은 내가 너를 만드니까 내 힘이 더 센 거다. 어서 항복해라.

발전기의 원리 자기장 내에서 코일이 움직이면 전기가 발생한다.
모터의 원리 자기장 내에서 코일에 전기를 흘리면 코일이 움직인다.

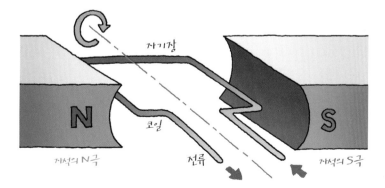

전기력 네가 나를 만든다고? 가만 있어 봐. 전자기 유도 법칙에 따르면 전기장이 자기장을 만들어 내기도 하는데? 너의 모습을 누구보다 내가 잘 안다. 유리판 아래에 막대자석을 두고 그 위에 철가루를 뿌리면 자기장의 모습을 볼 수 있다. 전기가 도선에 흐르면 주위에 이러한 자기장이 발생하지. 그래서 나도 전자기석이라는 자석을 만들 수 있다. 자, 따라해 봐! 오른손의 엄지를 세우고 나머지 네 손가락을 쥐어라. 그때 전기의 방향을 엄지손가락 방향이라고 생각하면 나머지 네 손가락을 감은 방향이 바로 자기장의 방향이 된다. 이것이 암페어의 '오른손 나사 법칙'이다.

자기력 뭐라고? 너도 나를 만들 수 있다고? 그렇다면 너랑 나는 뭐지? 혹시 쌍둥이!

전기력 아이고! 동생아.

자기력 잠깐만! 네가 형일 리 없다. 내가 형일 거다.

이후 전기력과 자기력 대결은 형 동생 순서 정하기 대결로 바뀌었다.

크루소 박사를 찾아라

🛰️ 노빈손맨의 숙적, 크루소 박사

"그럼, 이제부터 어쩌지?"

슈퍼마켓맨이 인도에 올라선 일행을 향해 고개를 돌리며 물었다. 그 시선을 맞받은 마우스맨이 팔짱을 풀면서 대답했다.

"지금 제일 시급한 건 노빈손맨의 정체를 확인… 아니, 노빈손맨의 문제를 해결하는 일이야. 동지를 믿을 수 없다는 건 제일 큰 불안 요소이니까."

"어떻게 문제를 해결할 건데?"

"우선 로빈슨 크루소 박사를 잡아서 족쳐야지. 지금 노빈손맨이 보여 주는 사고방식은 연금술사인 크루소 박사와 매우 유사해. 게다가 크루소 박사는 노빈손맨의 숙적 악당이야. 첫 번째 용의자라고. 그가 열쇠를 쥐고 있음에 틀림없어."

"일리 있는 얘기야. 그런데 로빈슨 크루소 박사가 어디에 있는지 모르잖아."

슈퍼마켓맨이 그렇게 말했을 때였다. 허공에서 불쑥 목소리가 들려왔다.

"그거라면 제가 도와드릴 수 있는데……."

"우아앗!!"

갑작스런 말참견에 깜짝 놀란 슈퍼마켓맨은 그 자리에 주저앉았다. 마우스맨도 펄쩍 뛰어올랐다. 귀신인 줄 알고 뒤로 세 걸음 정도 물러난 다음 순간, 그게 누구의 목소리인지 깨달은 노빈손이 버럭 소리를 질렀다.

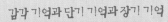

감각 기억과 단기 기억과 장기 기억

기억은 크게 세 종류로 나뉜다. 감각 기억은 아주 짧은 동안의 기억이며 어떤 정보를 처음 받아들인 순간만을 기억하는 것이다. 단기 기억은 최대 몇 분 동안만 유지되는 기억으로 쉽게 사라진다. 장기 기억은 계속 유지되는 기억으로 기존 장기 기억과 연관된 정보나 반복해서 되풀이된 단기 기억을 저장한다. 단기 기억을 장기 기억으로 전환하는 작업은 뇌 속 해마에서 한다. 그러니까 꼭 기억하고 싶은 정보가 있다면 해마를 자극시켜야 한다. 자극 방법에는 정보를 계속 반복하거나 부호로 만들거나 그림으로 표현하는 것 등이 있다.

"아, 간 떨어지는 줄 알았잖아요! 투명인간, 당신이죠?"

"저, 저는 그저 노빈손맨 님만 믿고 여길 따라왔는데…… 앞도 못 보는 불쌍한 저를 완전히 투명인간 취급하면서 내버려 둔 건 노빈손맨 님이면서……"

훌쩍훌쩍 우는 소리를 동반한 답변이 허공에서 되돌아왔다. 더 이상 뭐라고 할 마음도 나지 않아서 노빈손은 그저 한숨만 푹푹 쉬었다. 대신 슈퍼마켓맨이 허공을 향해 물었다.

"크루소 박사를 찾는 걸 도와줄 수 있다고? 자네, 우리 얘길 전부 들은 건가?"

"옛말에 낮말은 새가 듣고 밤말은 쥐가 듣는다고 하지 않았습니까?"

"쥐 쥐 하지 마! 듣기 싫단 말이다!"

유독 열을 내는 마우스맨을 내버려 둔 채, 슈퍼마켓맨은 상큼한 미소를 지었다.

"보기보다 말을 잘하는 친구구먼. 그래, 크루소 박사는 어디에 있지?"

"그건 저도 모릅니다."

막힘없고 당당한 투명인간의 대답에, 세 사람은 모두 허탈해져서 어깨를 조금 늘어뜨렸고 트렌드봄버는 힘없는 경적을 한 차례 울렸다. 그러나 이야기는 아직 끝난 것이 아니었다.

"실은 요전에 '슈퍼 악당 정기 총회'에 참석했을 때 크루소 박사에게 들었는데요. 자신의 은신처를 노빈손맨에게 들켰다고 하더라고요."

"뭐라고? 하지만 난 아무것도 모르는데……."

"압니다. 하지만 기억을 잃었다고 해도, 노빈손맨의 은신처에는 뭔가 단서가 남아 있지 않을까 해서요."

투명인간의 말을 들은 슈퍼마켓맨이 손가락을 딱 튕겼다.

"그렇군. 노빈손맨은 그렇게 기억력이 좋은 편이 아니었으니까 말이네. 만일 그가 크루소 박사의 은신처를 알아냈다면, 어딘가에 적어 놨을 가능성이 크겠지."

노빈손이 슈퍼마켓맨을 흘겨보았다.

"지금 본인을 앞에 두고서 흉보는 거예요?"

"하지만 실제로 지금 기억이 온전하지 못하잖은가. 가엾게도 젊은 나이에 치매라니……."

"기억 상실증과 치매는 엄연히 달라요. 그리고 쫄쫄이 망토 두른 아저씨한테 그런 동정 받고 싶지 않네요."

세 사람은 모두 트렌드봄버에 올라탔다. 운전석 문을 닫은 슈퍼마켓맨이 기운차게 외쳤다.

"트렌드봄버, 노빈손맨의 집으로 갑세. 이번에야말로 노빈손맨과 크루소 박사의 관계를 밝혀내 보세!"

"아, 글쎄 둘은 배다른 형제라니까!"

"아니야. 크루소를 복제한 클론이래도!"

"당신네들, 방문 목적이 전부 글러먹었어!"

아웅다웅하는 영웅들을 싣고 트렌드봄버가 출발했다. 서두르던 노빈손 일행은 누군가를 빼놓았다는 사실을 전혀 눈치채지 못하고 있었다.

광장의 허공 속에서 훌쩍거리며 속삭이는 목소리가 흘러

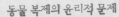

동물 복제의 윤리적 문제

1997년 복제 양 돌리를 탄생시킬 때 연구팀은 난자 400개를 채취해 핵을 빼냈다. 276개의 수정란을 착상시켰지만 모두 실패했고 돌리는 이 가운데 277번째 수정란이 성공해서 태어난 것이다. 즉 복제 동물 한 마리가 탄생하기 위해서 수많은 생명들의 탄생 가능성이 사라진 셈이다. 복제 기술이 발전하는 가운데 복제 인간이 나올지도 모른다는 염려도 커지고 있다. 현재 많은 나라에서 세포와 조직을 복제하는 것은 허용하되 인간 자체를 복제하는 것은 법으로 금지하고 있다. 하지만 여전히 생명이 경시되는 문제에 대한 논란이 뜨겁다.

나왔다.

"저기요오~. 갑자기 조용해졌네. 영웅님들, 어디 계세요? 저기요오~. 전 앞이 안 보인단 말이에요~. 제발 절 버리지 마세요~ 흑흑."

결국 투명인간은 지나가던 시민의 도움을 받아 광화문 경찰서에 자수하는 데 성공했다고 한다.

🛰 노빈손의 작은 우주

트렌드봄버는 곧 노빈손의 집에 도착했다. 마침 집에는 아무도 없었다. 비상식적인 복장의 슈퍼영웅들을 어떻게 엄마에게 소개해야 하나 고민하던 노빈손은 안도의 한숨을 내쉬었다.

"엄마가 안 계셔서 천만다행이네. 자, 제 방은 이쪽이에요, 이쪽."

노빈손은 슈퍼마켓맨과 마우스맨을 양옆에 대동하고서 자신의 방문을 열었다. 그 순간, 슈퍼마켓맨은 숨을 들이켰고 마우스맨은 쯧 하고 혀를 찼다. 두 사람의 표정에 낭패한 기색이 떠올랐다.

미간을 찌푸린 마우스맨이 신음하듯 말했다.

"아무래도 선수를 빼앗긴 것 같군. 누군가가 이곳을 먼저 수색했어."

노빈손의 방 안은 폭탄을 맞은 것처럼 어지러웠다. 온갖 옷가지가 바닥과 침대에 널려 있었고, 책상 위에는 온갖 종이와 진열품이 널브러져 있었다. 심지어 쓰레기통까지도 뒤졌는지, 뚜껑이 벗겨진 쓰레기통 주위에 온갖 쓰레기가 가득 쌓여 있었다. 저만치에 뒹굴고 있는 쓰레기통 뚜껑의 안쪽에 새까만

때가 잔뜩 낀 것이 보였다. 온통 이런 상태라 바닥에 도저히 발 디딜 틈이 없
었다.

슈퍼마켓맨이 방 안을 돌아보며 중얼거렸다.

"그럼, 크루소 박사를 찾아낼 단서는 이미 사라진 건가?"

그러나 충격을 받은 두 사람과 달리 노빈손은 아무렇지도 않은 얼굴로 대
꾸했다.

"두 사람 다 뭔가 오해한 것 같네요. 이 방에는 아무도 들어오지 않았어요.

오늘 아침에 제가 나갔을 때와 하나도 다름없이 그대로예요."

슈퍼마켓맨과 마우스맨은 머리를 한 대 맞은 듯한 얼굴로 노빈손을 돌아보았다. 마우스맨이 믿어지지 않는다는 표정으로 되물었다.

"그대로…라고? 그럼 이런 데서 산단 말이야? 이런…, 돼지우리 같은 방에서?"

"엄마가 이제 제 방 청소는 포기했으니 스스로 알아서 하라고 말씀하셔서……. 핫핫핫."

멋쩍게 웃어 보이는 노빈손을 보며 슈퍼마켓맨이 기나긴 한숨을 쉬었다.

"아무리 그래도 평소에 기본적인 청소는 하면서 살도록 하게. 방이 이래 가지고 어떻게 단서를 찾겠나?"

"언뜻 보기엔 아무 규칙성 없이 널려 있는 것처럼 보이지만, 전 이 방 어디에 뭐가 있는지 다 안다고요. 이 방 전체가 저의 소우주라고나 할까요?"

"하지만 사람들을 구해야 할 슈퍼영웅으로서 방 청소조차 안 하는 건 기본적인 의무를 저버리는……."

"무슨 바보 같은 소리인가? 슈퍼마켓맨. 영웅이 어째서 손수 방 청소 따위를 해야 한단 말인가?"

엉뚱하게도 마우스맨이 슈퍼마켓맨의 항변에 반박했다. 슈퍼마켓맨과 노빈손은 의외라는 눈으로 마우스맨을 쳐다보았다. 마우스맨이 뭘 보냐는 듯이 두 사람의 시선을 받아치며 말했다.

"방 청소 같은 건 집사한테 시키면 되는 거야."

2초간 침묵이 흘렀다. 노빈손이 낮은 목소리로 슈퍼마켓맨에게 속삭였다.

"……슈퍼마켓맨."

"……응?"

"아무래도 우리 셋 중에 제일 청소를 안 하는 게 누군지 밝혀진 것 같지 않나요?"

"그런 것 같군. 더 이상 아무 말 않겠네, 노빈손맨."

"둘이서 뭘 속닥거리고 있는 거야?"

✈ 단서를 찾아라

마우스맨이 인상을 쓰면서 노빈손을 가리켰다.

"이게 스스로 어지른 거라면 당장 이 방에서 단서를 찾아봐. 보아하니 쓰레기도 몇 달째 치우지 않고 있는 모양인데, 그나마 다행이군. 만일 노빈손맨이 크루소 박사의 거처를 알고 있었다면 분명 단서가 있을 거야."

노빈손은 서쪽을 향해 창이 나 있는 방의 한복판에 서서 한 바퀴 둘러보았다. 창문 너머에서 흘러 들어온 오후의 햇빛이 노빈손의 방을 가득 채우고 있었다. 창문 아래쪽에는 침대가 놓여 있었고, 그 반대편에 책상이, 책상과 대각선 방향으로는 벽 거울이, 벽 거울 앞에는 옷장이 서 있었다. 그리고 눈길이 닿는 모든 곳에 잡다한 물건이 널려 있었다.

"어떤가, 노빈손맨. 뭔가 좀 알겠나?"

슈퍼마켓맨의 목소리가 등 뒤에서 들려왔다. 노빈손이 자신의 귓불을 만지작거렸다.

"음……, 탁상시계가 5시에서 멈췄네요. 배터리를 갈아 끼워야겠어요."

"그리고?"

"별다른 이상은 없는데요?"

마우스맨이 그럴 줄 알았다는 듯이 차분하게 말을 끊었다.

"그래? 그렇군. 그럼 시작하지, 슈퍼마켓맨."

"알았네."

다음 순간, 노빈손은 기겁하며 펄쩍 뛰어올랐다. 슈퍼마켓맨이 침대 시트를 확 걷어붙이더니 그 아래에 숨겨져 있는 상자들을 무작정 끌어내기 시작했던 것이다.

"잠깐! 뭐 하는 거예요!"

"뭐 하긴? 단서가 있는지 찾는 거네."

"아무리 그래도 이건 사생활 침해예요! 앗, 슈퍼마켓맨! 그 상자는 안 돼요! 꺼내지 말아요!"

"나만 가지고 타박할 때가 아닐 텐데. 책상 쪽을 좀 보게."

'책상?'

슈퍼마켓맨의 말에 놀란 노빈손이 독수리처럼 고개를 홱 돌렸다. 책상 앞에 앉은 마우스맨이 노빈손의 컴퓨터를 조작 중이었다. 어느새 전원을 켰는지, 환하게 빛나는 모니터 위에 하나하나 늘어선 폴더들이 차례차례 속을 열어 보이고 있었다. 노빈손이 숨을 헉 들이켜며 그쪽으로 달려갔다.

"아아악! 마우스맨! 그만둬요! 열지 말아요! 꺅! 안 돼! 제발…, 제발 그 인커밍 폴더만은!"

노빈손의 처절한 비명을 들은 척 만 척, 은밀한 비밀을 인정사정없이 파헤치는 두 영웅의 수색은 한참 동안 계속되었다.

배터리는 어떻게 작동하는가?

전지의 양 끝은 +극과 -극으로 구분되어 있으며 이 두 극을 도선으로 연결해 주면 +극은 전자를 얻는 환원 반응, -극은 전자를 잃는 산화 반응을 일으키게 된다. 그럼 전자 수가 많은 +극 쪽에서 전자 수가 적은 -극 쪽으로 전류가 흐르게 된다. +극과 -극 사이에는 전자가 쉽게 이동할 수 있게 하기 위한 염화암모늄 등의 물질이 채워져 있는데 이것을 전해질이라고 한다. 1차 전지는 전해질의 화학 변화가 끝나면 수명을 다하지만 2차 전지는 전기를 가해 주면 다시 화학 변화를 일으킬 수 있다.

그러나 크루소 박사와 관련이 있을 것 같은 기록은 눈에 띄지 않았다. 슈퍼마켓맨이 침대 위에 걸터앉아 한숨을 쉬며 말했다.

"이래 가지곤 끝이 없겠는데."

"이쪽도 별 수확은 없어."

마우스맨도 고개를 까딱하며 동의했다. 방 가운데에는 노빈손이 하얗게 불타 버린 연탄재 같은 표정으로 늘어져 있었다.

"이럴 수가! 나의… 나의 소중한 우주가……. 이렇게 파헤쳐지다니!"

"넋두리 그만하고 너도 뭔가 찾아봐."

차가운 마우스맨의 목소리에 발끈한 노빈손이 고개를 들었다.

"내가 손댈 틈도 없이 둘이서 다 뒤집었으면서……."

🪁 서랍과 거울과 옷장의 트릭

그때였다. 문득 눈부심을 느낀 노빈손은 눈을 깜박였다. 정면 오른쪽에 걸려 있는 벽 거울 속에 노빈손의 책상이 비쳤다. 그곳에서 뭔가가 반짝 빛나고 있었다.

놀란 노빈손이 벌떡 일어나 책상 쪽을 바라보았다. 갑자기 태도가 변한 노빈손을 본 마우스맨이 멈칫했다.

"뭐, 뭐야? 해보자는 거야?"

"그게 아니에요. 잠깐만요."

노빈손은 거울 속의 반짝임을 주시하며 천천히 책상 쪽으로 다가갔다. 틀림없다. 첫 번째 책상 서랍에서부터 뭔가가 한 줄기 햇빛을 반사하여 벽 거울 쪽으로 보내고 있었다. 문제의 서랍을 살펴보니 앞면에 작은 구멍이 하나 뚫려 있었고, 그 구멍은 거울 조각으로 막힌 상태였다.

"아마도 이것인 것 같은데요. 책상 서랍에 구멍을 뚫고 거울 조각을 박아 넣었어요. 작은 구멍이라 겉으로 보기엔 찾기 어렵지만, 이 방은 늦은 오후에 햇빛이 책상을 비추거든요. 그 빛이 구멍 속 거울에 반사되어서 벽 거울을 가리키고 있네요."

마우스맨과 슈퍼마켓맨이 입을 쩍 벌렸다.

"뭐… 뭐라고? 그런 게 가능하다니!"

"노빈손맨이 그런 장치를? 너무나도 정교한 트릭이로군."

"……둘 다 초등학교 과학 책 정도는 읽는 게 어때요? 초등학교 수업 때 빛의 반사 원리도 안 배웠어요?"

슈퍼마켓맨이 몸을 돌려 벽 거울을 노려보았다.

"그렇다면 벽 거울 뒤에 비밀 통로가 있는 건가?"

"아니, 그럴 리가……."

역시 없었다. 슈퍼마켓맨이 벽 거울 뒤를 살펴보았지만 아무것도 찾아낼 수 없었다. 마우스맨이 이마를 짚었다.

"그래서 그 빛이 어쨌다는 거야?"

"잠깐만요. 빛이 거울을 비춘다는 것은 한 번 더 반사된다는 소리인데……."

노빈손은 주의 깊게 벽 거울 속의 빛줄기를 살폈다. 벽 거울

한쪽은 거울, 한쪽은 유리

영화에 나오는 취조실에서 범인이 있는 방 거울의 반대편은 유리로 되어 있는 것을 볼 수 있다. 이런 유리는 빛의 밝기 차이를 이용해서 만든다. 빛은 밝은 쪽에서 어두운 쪽으로는 잘 투과되지 않는다. 환한 실내에서는 바깥이 보이지 않는 것이다. 이 원리를 이용해서 취조실 유리는 한쪽 면을 가시광선이 잘 반사되도록 특수 코팅하고 어두운 유리를 덧붙여 만든다. 그리고 범인이 있는 쪽을 수사관이 있는 쪽보다 2배 이상 더 밝게 만들면 범인이 있는 쪽의 유리가 거울과 비슷하게 된다.

에 반사된 빛의 궤적은 옷장을 가리키고 있었다. 빛이 가리키는 대로 옷장 문을 열어젖힌 노빈손은 놀라 우뚝 멈춰 섰다.

"어? 이게 뭐지?"

옷장을 채운 겨울 코트나 웃옷 사이에, 본 기억이 없는 낯선 옷이 걸려 있었다. 그것은 고무장갑처럼 탄력 있어 보이고, 겨울 내복보다 빨간 쫄쫄이 전신 타이츠였다. 충격을 받은 채 굳어 버린 노빈손의 뒤에서 마우스맨이 심드렁하게 말했다.

"놀라기에 뭔가 했더니, 이건 노빈손맨의 변장용 타이츠잖아?"

"에에엑? 이게?"

경악한 노빈손은 뭐라고 말도 잇지 못한 채 어버버거렸다.

'아니, 왜 내가 알지도 못하는 옷이 내 옷장에 들어 있는 거지?'

"이건 오해예요, 뭔가 착오가 있는 거예요! 누군가가 제 방에 들어와서 이걸 숨겨 놓고 나간 게 틀림없어요. 제 옷장에 이런 게 있을 리가 없어요!"

"아까는 아무도 안 들어온 게 확실하다고 하지 않았나?"

그렇게 대꾸한 슈퍼마켓맨이 빨간 쫄쫄이를 뒤적거렸다.

"역시 노빈손맨 복장이 맞네……, 음?"

쫄쫄이가 걸린 옷장 뒤로 뭔가 지도 같은 것이 보였다. 슈퍼마켓맨이 쫄쫄이를 꺼내자 그제야 전체 모습이 드러났다.

"어, 이건?"

옷장 벽에 붙어 있는 것은 다름 아닌 커다란 대한민국 전도였다. 벽 거울에 반사된 빛줄기가 정확하게 그 지도의 한 지점을 가리키고 있었다. 슈퍼마켓맨이 알았다는 표정으로 무릎을 쳤다.

"그렇군! 이 빛이 가리키는 곳이 바로 크루소 박사의 거처인가!"

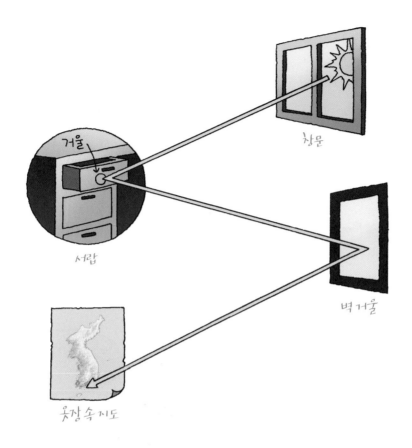

거울

창문

서랍

벽거울

옷장 속 지도

 "아니, 잠깐만요. 하지만 빛의 방향은 시간에 따라 미묘하게 바뀔 텐데……."

 그렇게 말하던 노빈손의 머릿속에 뭔가가 번뜩였다. 그가 마우스맨을 바라보며 물었다.

 "지금 몇 시죠?"

 "5시 3분 전인데. 왜?"

 "이 빛 반사 트릭이 크루소 박사의 은신처를 가리키는 것이라면, 시간 지정이 필요해요. 거울 구멍이 작긴 해도 햇빛은 시간에 따라 계속 움직이니까요.

그렇다면……"

노빈손이 멈춰 버린 탁상시계를 가리켰다.

"저 시계가 5시에 멈춰 서 있는 것도 우연이 아닐 거예요. 아마 오후 5시에 비치는 햇빛이 정확하게 크루소 박사의 은신처를 가리키는 게 아닐까요?"

슈퍼마켓맨이 노빈손을 보며 놀랍다는 표정을 지었다.

"정말 대단하군. 자네 말대로라면 곧 박사의 은신처를 알 수 있을 거네."

정각 5시가 되자, 노빈손은 지도에서 빛이 가리키는 지명을 읽었다.

"XX시 YY군 ZZ섬……. 되게 머네요. 내일 도착하겠어요."

"어쨌든 알아냈으면 당장 출발하세나! 아, 그전에."

허리를 편 슈퍼마켓맨이 빨간 쫄
쫄이를 노빈손에게 들이밀었다.
노빈손이 움찔했다.

"뭐, 뭐예요?"

"뭐기는. 이제부터 크루소 박사에게 갈 거라네. 그러니 어서 옷을 갈아입게나."

"에엑? 이 빨간 쫄쫄이를 입으라고요?"

"숙적과의 최종 결전에 임할 때, 슈퍼영웅으로서 올바른 복장을 갖추는 것은 당연한 도리가 아닌가!"

슈퍼마켓맨은 진지한 눈으로 타일렀지만, 노빈손은 고개를 저었다.

"아니, 그러니까 전 슈퍼영웅이 아니라고……."

"아직도 그 소린가? 그럼 자네 방에 숨겨진 암호와 이 빨간색 쫄쫄이는 어떻게 설명할 생각인가? 역시 자네는 노빈손맨임이 틀림없다네! 지금은 잠시 기억하지 못하는 것뿐일세."

노빈손은 그만 입을 다물어 버렸다. 반박할 말이 없다. 여전히 노빈손맨으로서의 기억 따윈 떠오르지 않았지만, 슈퍼마켓맨의 말대로다. 뭔가 석연치 않은 점이 있는 것만은 분명했다.

'설마……, 내가 정말로 슈퍼영웅이라면? 악당의 음모 때문에 기억과 힘을 잃은 거라면? 만일 그렇다면?'

한참을 쭈뼛거리던 노빈손은 결국 고개를 끄덕였다.

"알았어요. 입을게요."

"잘 생각했네!"

슈퍼마켓맨은 흡족하게 웃으며 노빈손의 어깨를 두드렸고, 노빈손은 애매하게 미소를 지으며 빨간 쫄쫄이를 받아들었다. 그때 탁상시계를 만지작거리던 마우스맨이 조용하게 노빈손을 불렀다.

"어이, 노빈손맨."

"네?"

"이 고장난 시계 말인데……."

"시계가 왜요?"

왠지 불길한 예감에 노빈손이 책상 쪽을 돌아보자, 마우스맨이 어이없다는 표정을 짓고서 작은 종이쪽지를 팔랑팔랑 흔들고 있었다.

"혹시나 해서 살펴봤더니, 아래쪽에 이런 쪽지가 붙어 있더군."

"쪽지요? 뭐라고 쓰여 있는데요?"

"'크루소 박사의 은신처 : XX시 YY군 ZZ섬'이라고 적혀 있군."

"……."

잠시 세 사람 사이에 정적이 흘렀다. 마우스맨이 차분하게 말을 이었다.

"아무래도 너는 다른 사람들이 이 트릭을 밝혀내지 못할까 봐 걱정이 되었던 모양이다. 그래서 아예 대놓고 적어 놓기로 한 것 같은……."

"그런 건 아무래도 좋지 않은가! 노빈손맨, 빨리 변신하게!"

슈퍼마켓맨의 성화가 마우스맨의 놀림으로부터 노빈손을 구해 주었다. 노빈손은 민망한 상황에서 벗어나기 위해 서둘러 쫄쫄이에 발을 집어넣었다.

그 모습을 지켜보던 슈퍼마켓맨이 입으로 장엄한 느낌의 멜로디를 부르기 시작했다.

"빰~ 빰빰빰~ 빠바밤~ 빠바

바밤~."

노빈손은 더욱 더 민망해졌다.

"뭐 하시는 거예요?"

"음? 뭐 하냐고? 슈퍼영웅이 최종 결전을 위해 변장할 때 비장한 배경 음악이 깔리는 건 상식이잖나."

"닭살이 돋아 닭이 돼 버릴 것 같으니까 그만해요!"

그래도 노빈손은 쫄쫄이에 달린 복면까지 다 쓰고 나서 자신의 모습을 거울에 비춰 봤다. 왠지 마음 한구석에서 알 수 없는 기대가 부풀어 올랐다. 이제까지와는 완전히 다른 인간이 된 것 같은 기분이었다.

방을 나서기 직전, 노빈손은 마우스맨이 발견한 종이쪽지를 쥐고서 뒤를 돌아보았다. 이제까지 더없이 친숙하게만 느껴졌던 자신의 방이 너무나 낯설게 느껴졌다.

'어째서 방 안에 이런 종이쪽지가 숨겨져 있는 걸까? 지금 내가 입고 있는 이 빨간 쫄쫄이는 또 뭐고? 설마…….'

노빈손은 가만히 입속으로 중얼거렸다.

"정말로 내가 슈퍼영웅인가?"

 ## 크루소 박사의 연구소에 도착하는 가장 합리적인 방법

노빈손은 트렌드봄버에 기대어 눈앞에 펼쳐진 풍경을 바라보았다. 항구라 부르기에도 민망한 작은 부두에 고깃배 몇 척이 정박되어 흔들거리고 있었다. 그 뒤로 아침 노을이 진 오렌지빛 하늘과, 태양을 삼킬 듯이 넘실대는 바다가 보였다. 갈매기들이 날개를 붉게 물들이며 허공을 가로질렀다.

부두로 배편을 알아보러 갔던 슈퍼마켓맨이 허겁지겁 뛰어왔다. 그를 발견한 노빈손이 달려들 듯이 물었다.

"어때요? 크루소 박사가 숨어 있는 섬으로 들어가는 배가 있대요?"

슈퍼마켓맨이 힘없이 고개를 저었다.

"아니. 사람들 말이 거긴 무인도라는군. 원래도 사람들이 가는 곳이 아니라하네. 아니 노빈손맨, 왜 그러나?"

슈퍼마켓맨이 걱정스런 표정을 지었다. 노빈손이 갑자기 낯빛이 창백해져서 식은땀을 흘렸기 때문이었다. 노빈손이 어설프게 웃으며 얼버무렸다.

"아… 하하하. 아니에요. '무인도'라는 단어를 들으니까 갑자기 아픈 기억이 떠올라서……. 별일 없겠죠, 뭐."

"무인도랑 관련해서 무슨 일이 있었는가?"

"무슨 일이 있었던 정도가 아니에요……. 얘기하자면 길어요. 그보다 그러면 어떻게 섬으로 들어가죠?"

노빈손이 묻자 슈퍼마켓맨이 기운 없이 어깨를 축 늘어뜨렸다.

"그러게 말일세. 보통 때라면 그냥 내가 다른 사람들을 바구니에 담아서 들고 날아가면 되는데, 슈퍼파워가 없으니 그게 안 되고……. 참 난처한 상황에 처했구먼."

"바구니라니, 마트에 쇼핑 나온 주부예요? 그리고 모든 일을 슈퍼파워로 해결하려는 나쁜 습관을 좀 버리는 게 어때요?"

노빈손의 말에 놀란 슈퍼마켓맨이 고개를 번쩍 들었다.

"뭐라고? 그럼 자네는 이 상황에서 섬으로 들어가는 방법을 알고 있다는 말인가? 하늘도 날아갈 수 없고, 여객선도 없는데!"

"그러면 저기 묶여 있는 배 중에 하나를 빌리면 되죠. 사례비를 드리고 섬까지 태워다 달라고 하면 되잖아요?"

슈퍼마켓맨의 표정이 경악으로 일그러졌다.

"노빈손맨, 그대는 천재인가? 그런 방법이 있었다니!"

"음, 왠지 칭찬받는데도 기분 나쁜데요. 이제까지 제가 이런 상식적인 수단도 생각해 내지 못할 만큼 머리가 나쁜 사람으로 보였단 말인가요?"

그 말을 들은 슈퍼마켓맨은 서글퍼 보이는 눈매로 노을을 바라보며 딴청을 부렸다. 노빈손이 허리를 펴고 일어섰다.

"그럼 제가 가서 선장님들께 물어볼게요."

"부탁하네. 그런데, 마우스맨은 어디 있나?"

"글쎄요. 화장실 갔나? 조금 전까지 여기 있었는데……."

그렇게 말한 순간, 슈퍼마켓맨의 주머니에서 전화벨이 울렸다. 발신자가 마우스맨임을 확인한 슈퍼마켓맨이 고개를 갸우뚱하며 전화를 받았다.

"마우스맨, 어디 있나? 왜 전화를……."

'됐고. 지금 당장 XX항구로 와.'

"음? 소용없네. 그 섬은 무인도라서 큰 항구로 가도 들어가는 여객선이 없다고 하네. 지금 이 부두에서 노빈손맨이 작은 배를 빌리겠다고……."

휴대폰 반대편에서 마우스맨이 코웃음치는 소리가 들렸다.

'배를 샀다.'

슈퍼맨이 나는 방법은?

슈퍼맨은 주먹을 쥐어 한쪽 팔을 머리 위쪽으로 쭉 뻗고, 다른 팔은 접어서 주먹을 어깨 높이에 둔 채 하늘을 난다. 이러면 팔에서 양력을 얻기에 비효율적이다. 새들은 양력을 많이 얻기 위해 양 날개를 펴고 하늘을 난다. 아마 슈퍼맨은 몸 아래쪽에서 많은 양의 공기를 내뿜어 공기의 압력을 높여야 할 것이다. 이륙할 때나 비행 시 앞으로 나아갈 때는 발바닥에서 강력한 에너지를 내보내 추력을 얻어야 한다. 그러니 슈퍼맨의 복장은 슈퍼맨의 몸에서 나가는 공기와 에너지가 나가는 것을 막지 않도록 특수 제작되어야 한다.

"……뭐?"

'XX항에서 선박을 사 버렸다고. 자동차를 백 대는 태울 수 있는 대형 선박이라 그 부두에는 정박 못 해. 그러니까 당장 이리로 와. 꾸물거리면 놔두고 출발해 버릴 테다.'

전화가 뚝 끊겼다. 돌연 찾아든 정적 속에서, 노빈손과 슈퍼마켓맨은 말없이 휴대폰을 바라보았다.

노빈손이 먼저 말문을 열었다.

"슈퍼마켓맨."

"음?"

"마우스맨은 역시 슈퍼영웅이 아니라 돈……."

슈퍼마켓맨이 손을 내밀어 노빈손의 입을 눌렀다.

"그 이상은 말하지 말게. 무슨 말을 들어도 우울해지니까."

뜻밖의 마중

마우스맨이 산 배에 탑승한 노빈손, 슈퍼마켓맨, 트렌드봄버는 무사히 무인도의 해변에 내렸다. 무인도라더니, 역시 누군가 재력가가 살고 있는 듯 도로가 깨끗하게 정비되어 있었다. 도로 끝에는 하얀 돔 모양의 지붕 위에 안테나를 얹은 5층 건물의 연구소가 떡하니 앉아 있었다.

노빈손이 슈퍼마켓맨을 바라보았다.

"도착했는데 이제 어쩌죠?"

"어쩌긴? 우린 슈퍼영웅들이야. 정정당당하게 정문으로 들어가야지."

"하여간 단순 무식하다니까."

슈퍼마켓맨의 말에 마우스맨이 구시렁대긴 했지만, 딱히 반대하는 것은 아닌 모양이었다. 슈퍼영웅들을 태운 트렌드봄버는 열려 있는 연구소의 정문을 통과하여 넓디넓은 안뜰까지 달려갔다.

그들을 멈추게 한 것은 연구소 현관문 앞에 서 있던 어느 작달막한 노인의 목소리였다.

"어서 오시오, 슈퍼영웅 여러분!"

안경 낀 노인은 흰 가운을 입고서 곱슬거리는 회색 머리를 늘어뜨리고 있었다. 노빈손을 비롯한 슈퍼영웅들은 모두 트렌드봄버에서 내려섰다. 슈퍼마 켓맨이 먼저 입을 열었다.

"오랜만일세, 크루소 박사. 노빈손맨과 서울광장에서 서바이벌 사투를 벌 인 이래 처음 만나는 건가?"

"그렇게 되는군요, 슈퍼마켓맨."

크루소 박사라고 불린 노인은 얼굴색 하나 변하지 않은 채 태연하게 대답 했다.

'저 사람이 노빈손맨의 숙적, 아니 내 숙적, 악당 로빈슨 크루소 박사라 고?'

노빈손은 눈앞에 선 키 작은 노인의 모습을 유심히 바라보았다. 마치 어디 선가 본 듯한 얼굴인 것처럼 낯이 익었다. 하지만 전혀 기억이 나지 않았다.

"이 늙은이에게 무슨 볼일이 있다고, 슈퍼영웅 여러분이 다함께 여기까지 납시셨는지?"

명백하게 비꼬고 있는 말투가 맘에 안 들었는지 슈퍼마켓맨이 묵직한 한 걸음을 앞으로 내디뎠다.

"돌려서 묻는 건 성질에 안 맞아. 직설적으로 말하지."

연구소 현관 앞에 숨막히는 긴장감이 소용돌이쳤다. 노빈손이 침을 꿀꺽 삼켰다. 슈퍼마켓맨은 '장학 퀴즈 대회'의 마지막 문제 앞에 선 사람처럼 신 중하게 단어 하나 하나를 꼭꼭 눌러 내뱉었다.

"연금술 전공인 로빈슨 크루 소 박사. 당신 혹시……."

거기서 한 번 숨을 들이쉰 슈

기억의 조작

SF 영화에서는 기억을 조작하는 내용이 종종 나온다. 그런데 실 제로도 기억을 조작할 수 있다고 한다. 사실 우리의 기억 자체는 정확하지 않은 경우가 많다. 세월이 지나며 잊히기도 하고 같은 사건을 다르게 기억하기도 한다. 과학자들은 특정 기억을 관장하 는 뇌세포에만 자극을 주면 다른 기억을 심는 것이 가능하다고 한다. 미국의 노스웨스턴대 연구팀이 MRI 장치로 연구한 결과, 뇌 가 힘들여 상상하면 상상이 아니라 실제 기억으로 착각될 수도 있다고 한다. 기억 조작 기술을 활용하면 외상 후 스트레스성 장 애의 원인이 되는 나쁜 기억이나 공포증 등을 지울 수 있다.

144

퍼마켓맨은 다시 말을 이었다.

"당신이 바로 여기 있는 노빈손맨의 친아버지……."

"그게 아니잖아욧!"

노빈손은 너무나 어처구니없어서 펄쩍 뛰어올라 뒤에서 슈퍼마켓맨의 입을 힘껏 틀어막았다. 둘이 아웅다웅하는 사이에 마우스맨이 대신 질문을 마무리했다.

"여기 있는 '노빈손맨'의 정체를 확인하러 왔다."

"호오……?"

크루소 박사의 입꼬리가 한껏 치켜 올라갔다. 노빈손은 그 의미심장한 미소가 마음에 들지 않았다. 왠지 오싹해지는 웃음이었다.

"그건 또 무슨 말씀이신지?"

"다 알고 왔어! 당신이 노빈손맨에게 뭔가 했다는 걸!"

"'뭔가'라니, 뭐를 말인가?"

"시치미 떼지 마! 당신이 노빈손맨에게 품은 원한이 얼마나 깊은지는 우리 모두 잘 알고 있다."

마우스맨의 말을 들은 크루소 박사가 음산한 눈빛으로 일행을 둘러보았다.

"그 원한이 부당하다는 건가요? 서울광장에서 내가 어떤 모욕을 당했는지를 생각한다면 차마 그렇게 말하지는 못할 텐데."

"자업자득이지. 그러기에 누가 나쁜 짓을 하래?"

바로 반박하긴 했지만, 마우스맨의 대답에는 어쩐지 힘이 없었다. 옆에 있던 노빈손은 갸우뚱하면서 크루소 박사를 바라보았다.

'도대체 저 박사와 노빈손맨 사이에 무슨 일이 있었던 거지?'

크루소 박사가 혀를 차면서 고개를 저었다.

"뭔가 증거라도 있나? 증거도 없이 다짜고짜 늙은이가 혼자 조용히 여생을 보내는 곳에 쳐들어와서 범죄자 취급을 해도 되는 건가? 그런 게 슈퍼영웅들이 할 만한 일인가?"

마우스맨이 움찔했다. 슈퍼마켓맨이 마우스맨에게 다가가 빠른 말투로 속삭였다.

"이게 어떻게 된 거야? 보통 악당들은 자기가 안 한 악행도 자신이 한 짓이라고 자랑하는 게 상식 아냐?"

"그러게. 뭔가 이상한데."

"설마, 크루소 박사가 정말로 악당 일을 은퇴하고서 조용히 살려는 건가?"

🔦 함정에 빠진 슈퍼영웅들

두 슈퍼영웅이 혼란에 빠진 모습을 본 크루소 박사가 쿡쿡거리며 웃었다.

"해 본 소리인데. 크크크."

"……뭐?"

"노빈손맨을 함정에 빠뜨린 것은 내가 맞네. 잘 찾아왔군."

"사람 헷갈리게 하지 마!"

마우스맨이 벌컥 화를 냈다. 슈퍼마켓맨이 다시 물었다.

"그럼, 여기 있는 노빈손맨의 기억을 조작한 게 사실인가?"

"그건 아니다. 왜냐하면……."

크루소 박사의 음흉한 미소가 더 짙어졌다.

"거기 있는 '그' 인물은 당신들의 친구 노빈손맨이 아니니까."

"뭐라고?"

마우스맨과 슈퍼마켓맨이 동시에 펄쩍 뛰었다.

"진짜 노빈손맨을 어떻게 한 거야? 당장 말하지 못해!"

슈퍼영웅들이 아우성을 치는 가운데, 노빈손은 또다시 '나는 누구인가?' 라는 혼란에 휩싸여 지끈거리는 머리를 꾹꾹 눌렀다. 크루소 박사가 기분 나쁜 웃음을 나직하게 흘렸다.

"안 털어놓으면 어쩔 텐가? 슈퍼파워를 잃어버린 반쪽이 영웅들 주제에."

"바…반쪽이? 지금 반쪽이라고 했나?"

빵-빵!

펄펄 뛰는 슈퍼마켓맨더러 진정하라는 건지, 더 하라는 건지 알 수 없는 트렌드봄버의 경적 소리가 시끄럽게 들려왔다. 마우스맨이 미간을 가늘게 좁히면서 외쳤다.

"역시 이 일련의 소동은 당신 짓이었어! 어쩐지 일어나는 일들이 죄다 물리법칙이니 뭐니 하는 것과 관련되어 있기에 수상하다고 생각은 했다. 그런 건 네 전공이니까! 그렇지? 연금술사!"

"흐흐흐, 당연하지. 나 외에 이런 천재적인 계획을 세울 자가 달리 누가 있을까!"

크루소 박사가 한 걸음 뒤로 물러섰다. 그와 동시에 끼리릭거리는 불쾌한 기계음이 들려왔다. 그제야 정신이 든 노빈손은 주위를 둘러보았다.

아뿔싸.

총의 작동 원리

권총은 화약의 힘으로 총알을 날려 보낸다. 방아쇠를 당기면 뇌관이 폭발하고 화약에 불이 붙어 연소하면서 가스가 생긴다. 이 가스가 총 안에서 급속도로 꽉 차 그 압력으로 총알을 밀어 내는 것이다. 총알이 총에서 발사될 때는 초속 900m 정도의 속도지만 공기 저항을 받으면 초속 400m로 줄어들게 된다. 총알은 엄청난 운동 에너지를 가졌기 때문에 큰 파괴력을 지니게 된다. 총알의 크기가 클수록, 나가는 속도가 빠를수록 파괴력은 더욱 강력하다.

정원 곳곳에 일행들을 빙 둘러싸며 솟아오르는 검은 총구 같은 것들이 보였다. 비스듬히 위로 치솟은 자동 총구들의 번득이는 빛이 노빈손 일행을 정확하게 겨눴다.

"슈퍼마켓맨, 마우스맨, 트렌드봄버! 이건 함정이에요!"

노빈손이 외치자 크루소 박사가 소름 끼치게 웃어 젖혔다.

"음하하하하! 당연하지! 내가 아무런 대비도 없이 있을 줄 알았나? 슈퍼파워도 없이 평범한 인간에 불과한 너희들이 이 많은 자동 소총들의 사격을 피할 수 있을까? 이 자리에서 죄다 이 세상과 작별하게 해 주마!"

"이런……"

슈퍼마켓맨이 입술을 깨물며 일행 쪽으로 물러섰다. 그의 망토가 힘없이 펄럭였다. 노빈손은 눈을 질끈 감았다.

슈퍼영웅에게 필요한 것

"착각하지 마라, 크루소 박사. 슈퍼영웅이 되기 위해 필요한 것은 슈퍼파워만이 아니야."

뒤에서 마우스맨의 음침한 목소리가 들려왔다.

뒤를 돌아보니, 어느새가 마우스맨이 트렌드봄버 뒤쪽에 서 있었다. 트렌드봄버의 트렁크가 활짝 열려 있는 것이 보였다. 마우스맨이 그 안에서 뭔가를 꺼내 들었다.

쿵!

묵직한 소리가 났다. 보랏빛 천이 그 큼지막한 물건을 감싸고 있었다.

"슈퍼영웅에게 필요한 것은, 정의를 사랑하는 마음과……."

마우스맨이 들고 있는 물건에서 천이 스르륵 흘러내렸다.

"……돈이다!"

철컥, 철컥.

마우스맨이 버튼을 누르자 문제의 물건이 순식간에 자동으로 재조립되었다. 노빈손과 슈퍼마켓맨의 눈이 경악을 감추지 못하고 휘둥그레졌다. 마우스맨의 옆에서 빛나는 그것은, 허리 높이까지 오는 새까만 기둥으로 지탱되어 있는 커다란 총인 바주카포였다. 크루소 박사조차 입을 다물지 못한 채 양손을 앞으로 내밀며 휘저었다.

"잠깐, 설마……?"

"노빈손맨, 저건 마우스맨의 바주카포인 구스타포야. 엎드려!"

슈퍼마켓맨이 잽싸게 노빈손을 감싸며 땅 위에 납작 엎드렸다. 그와 동시에 마우스맨이 바주카포를 붙잡으며 발판 위에 올라섰다. 바주카포를 지탱하고 있는 기둥과 아래 원반이 빙글빙글 돌기 시작했다.

"먹어랏! 구스타―포!"

마우스맨의 기합과 함께, 구스타포가 360도로 회전하며 불을 뿜었다.

끼이이익!

트렌드봄버가 질겁하며 사정거리 밖으로 달려나가는 소리가 들려왔다.

쾅쾅쾅쾅!

사방으로 날아간 포탄들은 그대로 정원을 둘러싼 자동 소총들을 부쉈다. 정원 자체가 쑥대

세계 최초의 총은 어디에서 만들었나?

중국의 연금술사들이 불로장생약을 개발하다가 7세기 말에 화약을 발명했다. 남송 시대인 1132년에 중국에서 창 끝에 화약을 붙인 무기인 화창을 전쟁에 썼던 기록이 남아 있다. 화창은 약 5분간 불을 뿜을 수 있었다고 하며 세계 최초의 총으로 여겨진다. 화약과 무기는 14세기경에 유럽에 전파되어 크게 발전했다. 우리나라에서는 1377년 고려의 최무선이 화약을 발명했고 1448년 조선의 세종 시대에 세계 최초의 다연발 로켓포인 신기전을 만들었다.

밤이 되었다.

"마지막은 언제나 화려하게!"

마우스맨의 고함과 함께 귀를 찢는 굉음이 일었다.

콰쾅!

마지막 포탄이 연구소 현관문 위에 명중하자 현관 외벽이 무너져 내렸다.

쿠구구궁!

노빈손은 소리를 듣는 것만으로 죽음의 공포를 체험했다.

"우아아악!"

질겁한 크루소 박사가 현관 기둥 뒤에 숨은 채 머리를 붙잡고 엎드렸다. 이제 정원은 발파 현장으로 돌변한 듯, 온통 회색빛 흙먼지로 뒤덮여 버렸다.

"쿨럭, 쿨럭!"

노빈손은 기침을 연발하며 고개를 들었다. 한 치 앞이 제대로 보이지 않을 지경이었다. 그러나 슈퍼마켓맨은 단호한 걸음으로 부서진 돌 더미로 뒤덮인 현관 계단을 걸어 올라가 크루소 박사의 목덜미를 고양이 잡아 올리듯이 들어 올렸다. 크루소 박사의 낯빛이 새하얗게 물들었다.

"아… 어……."

"드디어 범인을 잡았군! 당신 때문에 오늘 얼마나 애를 먹었는지 아나?"

그 모습을 본 노빈손이 벌떡 일어섰다. 어느새 마우스맨과 트렌드봄버가 크루소 박사를 빙 둘러싸고 있었다. 완전히 포위된 크루소 박사가 굼벵이처럼 몸을 움찔움찔거렸다. 마우스맨이 바싹 얼굴을 가져다 대고 속삭였다.

"이 사태를 해명해 보시지. 진짜 노빈손맨이 따로 있다면, 여기 있는 '노빈손맨'은 누구지? 그리고 슈퍼파워는 어떻게 된 거야?"

"아…, 설명할 테니 잠깐만……."

크루소 박사가 양팔을 퍼득거리는 새처럼 내저었다.

헉, 뭐 저런게 다 있지?

🛰️ 노빈손맨이 노빈손맨이 아니면 노빈손맨은 누구?

어쭈?
생긴 거 하고는
달리 이해가
빠르네?

팔 아파…

부르르

슈퍼마켓맨이 크루소 박사를 땅 위에 내려놓았다. 기어 들어가는 듯한 목소리로 크루소 박사의 설명이 이어졌다.

"여기 있는 '노빈손맨'은 이 세계의 노빈손맨이 아니다. 다른 세계의 노빈손맨이지."

"뭐? 그게 무슨 소리야?"

"평행우주론, 패러렐 월드도 모르나?"

크루소 박사가 묻자 노빈손이 홀로 대답했다.

"알아요. 우리가 지금 사는 세계와 비슷하지만 다른 세계가 무수하게 존재한다는 이론이잖아요?"

"노빈손맨, 그게 무슨 소리야? 알아듣게 설명 좀 해 봐."

마우스맨이 재촉하자 노빈손이 관자놀이를 문질렀다.

"음……, 굉장히 복잡한 가설이지만요. 간단하게 말하면, 여기랑 비슷하지만 다른 세계에 '또 다른 나'가 존재한다는 내용이에요. 그쪽 세계의 슈퍼마켓맨은 슈퍼영웅이 아니라 기자로 활동하고 있을 수도 있고, 대통령일 수도 있죠. 각 사람들의 선택에 따라 역사가 바뀔 수 있잖아요? 그처럼 다른 선택에 따라 역사가 달라지고, 각각의 달라진 역사들이 영원히 만날 수 없는 평행

선처럼 함께 진행되는 것, 그런 세계가 여럿 있다는 것……. 그게 평행우주
론이에요."

슈퍼마켓맨의 눈이 또다시 한없이 투명해지고 있었다. 반면 마우스맨은 고
개를 끄덕였다.

"그렇군. 그런데 그게 노빈손맨과 무슨 상관이지?"

크루소 박사가 조심스럽게 말을 꺼냈다.

"우리들이 있는 지금 이 세계는 슈퍼파워가 있는 대신 과학 법칙이 무시되지. 물리학도 화학도 '연금술'이라는 이름 수준에서 멈춰 버렸고. 하지만 다른 평행 세계에는 과학 법칙에 따르는 세계도 있어. 바로 여기 있는 '노빈손맨'이 있던 세계지. 물리 법칙에 따라 돌아가는 현실 세계야."

"뭐라고? 그럼 그쪽 세계에는 슈퍼영웅이 없단 말이야?"

슈퍼마켓맨이 깜짝 놀라며 물었다. 노빈손도 눈을 화등잔처럼 크게 뜨면서 크루소 박사에게 물었다.

"아니, 그럼 여기는 제가 살던 '현실 세계'가 아니라 다른 평행 세계란 말이에요?"

"그래. 이상하다고 느끼지 않았나?"

노빈손은 혼자 중얼거렸다.

"어쩐지, 슈퍼영웅이 진짜로 있다니 이상하다 싶었어……."

슈퍼마켓맨이 노빈손을 이해가 안 간다는 눈으로 바라보았다. 마우스맨이 다시 물었다.

"그럼 우리 세계의 '노빈손맨'은 방금 말한 '현실 세계'라는 곳에 가 있나?"

크루소 박사는 고개를 끄덕였다.

"왜 그런 짓을 했지?"

"이 세계에 물리 법칙의 간섭을 끌어들이면 슈퍼파워가 자연히 힘을 잃게 될 테니까. 현실 세계의 인물을 이쪽으로 불러옴으로써 물리 법칙이 이 세계에도 적용되게 만들었지. 하지만 등가 교환의 법칙에 따라야 하기 때문에 저쪽 세계의 인물을 데려오려면 이쪽 세계의 인물을 보내야 했지."

"그래서 자신의 숙적인 '노빈손맨'과 현실 세계의 '노빈손'을 등가 교환으로 바꿔치기한 거로군?"

그제야 마우스맨은 납득이 간 모양이었다. 노빈손이 매달리듯이 물었다.

"그럼, 역시 난 미치거나 세뇌된 게 아닌 거군요? 노빈손맨의 기억이 없는 것도 당연한 거고?"

"그런 모양이군. 너랑 노빈손맨은 같은 인물인 동시에 다른 사람인 모양이니까."

마우스맨의 대답을 듣자, 노빈손은 겨우 자신에게 익숙한 일상으로 돌아온 듯해 마음이 놓였다. 그러나 묘하게도 한편으로 실망스러운 기분이 드는 것을 부인할 수가 없었다.

'뭐야, 역시 난 슈퍼영웅이 아니었잖아. 쳇.'

마우스맨과 노빈손의 대화를 들으며 도통 이해할 수 없다는 표정을 짓던 슈퍼마켓맨은 이내 생각하는 것을 그만둔 채 크루소 박사에게 달려들었다.

"뭔진 잘 모르겠지만, 당장 원래대로 돌려놔! 슈퍼파워도, 노빈손맨도!"

그 말에 크루소 박사가 고개를 저었다.

"안 되네."

"뭐?"

"한번 이루어진 등가 교환은 다시 되돌릴 수 없어. 그걸 무효로 만들 수는 없지. 여기에 '현실의 노빈손'이 존재하는 한 물리 법칙이 계속 이 세계를 지배할 거야."

"뭐, 뭐라고? 그럼 어쩌란 말이야!"

슈퍼마켓맨이 고함을 지르자, 크루소 박사가 붙잡힌 이래 처음으로 미소를 띠었다. 음침한 미소였다.

등가 교환이랍?

어떤 한 물질을 동등한 가치를 지니는 물질 또는 화폐로 교환하는 것을 등가 교환의 원칙이라고 한다. 에너지는 모습이 바뀔 뿐 없어지지 않는다는 에너지 보존의 법칙과 물질의 상태 변화와 상관없이 질량은 보존된다는 질량 보존의 법칙도 등가 교환에 해당된다. 철학과 경제학 분야에서도 쓰이는 개념이다. 물건을 돈을 주고 사는 것도 등가 교환에 해당된다. 사실 완벽한 등가 교환은 이루어지기 어렵다. 등가 교환은 가치의 수준이 일치한다는 암묵적인 동의로 이루어지는 것이다.

"방법은 단 한 가지."

"……?"

크루소 박사가 말라비틀어진 손가락을 들어 노빈손을 가리켰다.

"이 세계에 있는 노빈손을 죽이는 것!"

"……뭐라고?"

"노빈손은 물리 법칙이 존재하는 현실 세계에서 온 인간이야. 그가 이 세계에 존재하기 때문에 다들 물리 법칙에 영향을 받는 거라고. 노빈손이 사라지면 슈퍼파워도 원래대로 돌아오겠지."

빛, 너는 누구냐?

태양에서 방출되는 빛은 20억만 분의 1 정도밖에 지구에 도달하지 않지만 그 에너지로 지구상의 모든 생물들이 살아간다. 우리가 물체의 모양, 색, 위치를 파악할 수 있는 것도 빛 덕분이다. 그런데 막상 빛에 대해 잘 모르는 경우가 많다. 빛의 진실을 한번 Q&A로 파헤쳐 봤다.

Q 빛은 어떻게 나아가나?

빛은 곧게 앞으로 뻗어 나간다. 이 성질을 직진성이라고 한다. 구름 사이에서 햇빛이 나온 모습을 본 적 있는가? 휘어지지 않고 직선의 형태로 뻗어 나온 것을 볼 수 있다. 어둠 속에서 손전등을 켜 봐도 직진하는 빛을 볼 수 있다. 빛이 직진하다

가 어떤 물체에 막혀 더 이상 나아가지 못할 때 생기는 것이 그림자이다. 지구와 달이 공전 중에 태양과 일직선상에 놓이게 됐을 때도 빛의 직진성을 확인할 수 있다. 달이 태양과 지구 사이에 있으면 태양을 달 그림자로 가리는 일식이 일어나고, 지구가 태양과 달 사이에 있으면 지구 그림자가 달을 가리는 월식이 일어난다.

달 그림자가 태양을 가린 일식

Q 빛은 무슨 색일까?

햇빛 중에서 우리가 볼 수 있는 빛은 가시광선이다. 가시광선 자체는 눈부신 흰빛이지만 사실은 셀 수 없이 많은 빛깔의 빛으로 구성되어 있다. 빛을 프리즘에 통과시키면 다양한 빛으로 나뉘는 것을 볼 수 있는데 빨주노초파남보의 7가지 계열로 나눌 수 있다.

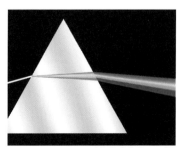

빛을 분산시키는 프리즘

이것을 빛의 분산이라고 한다. 보라색 쪽으로 갈수록 파장이 짧고 에너지가 높으며 빨간색 쪽으로 갈수록 파장이 길고 에너지가 낮다. 햇빛에는 가시광선 외에 X선, 자외선(보라색 밖에 있는 빛), 적외선(빨간색 밖에 있는 빛)등도 포함되어 있다.

Q 거울에 물체가 어떻게 비칠까?

빛은 직진하다가 물체의 표면에 부딪치면 튕겨 나온다. 이것을 반사라고 한다. 빛이 반사될 때 입사각(입사광이 법선과 이루는 각도)과 반사각(반사광이 법선과 이루는 각도)은 항상 같다. 보통 물체의

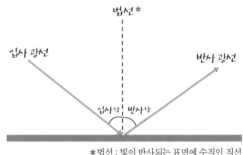

*법선 : 빛이 반사되는 표면에 수직인 직선

표면은 울퉁불퉁하기 때문에 빛은 온 사방으로 튕겨져 나간다. 이런 난반사가 일어나기 때문에 우리는 어느 방향에서나 물체를 볼 수 있다. 그런데 거울이나 잔잔한 물 같은 매끄러운 표면에서 빛은 한쪽 방향으로만 튕겨져 나온다. 정반사가 이루어진 것이다. 정반사이면 물체에서 튕겨 나온 빛을 그대로 반사하기 때문에 물체의 모습이 그대로 비친다.

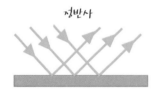

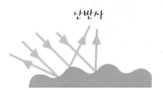

Q 빛은 색깔을 어떻게 만들까?

빛은 산란되기도 한다. 산란은 어떤 물체에 부딪쳐 빛이 흩어지는 것이다. 빛이 흩어진다는 건 물체가 어떤 빛을 흡수하고 어떤 빛은 다시 반사시킨다는 것이다. 이런 원리로 우리는 물체의 색을 볼 수 있다.

예를 들어 빨간 튤립의 경우, 튤립의 꽃잎에서 다른 빛깔의 빛은 모두 흡수하고 빨간색 계열의 빛을 산란시키기 때문에 빨갛게 보이는 것이다. 잎도 마찬가지다. 초록색 계열의 빛을 산란시키기 때문에 초록색으로 보이는 것이다. 하늘이 파란 색인 것도 파란색 계열의 빛이 더 많이 산란되기 때문이다.

그런데 노을은 왜 붉은색이냐고? 저녁때는 태양의 고도가 낮아져 햇빛이 길게 대 기권을 통과해야 하기 때문이다. 다른 빛은 대기권에서 산란이 많이 일어나 이미 없어져 버리고 파장이 긴 빨간색 계열의 빛이 주로 남아 산란된 것이다.

Q 물속에 들어가면 왜 다리가 휘어져 보일까?

빛이 굴절하기 때문이다. 공기와 물은 서 로 다른 물질로 이루어져 있다. 그래서 빛 은 각각 다른 속도로 통과할 수밖에 없다. 공기 중을 지나던 빛이 물속으로 들어가게 되면 꺾이게 되는 것이다. 이때 빛이 꺾이 는 각도를 굴절각이라고 한다. 굴절각이 클수록 빛의 속도가 더욱 느려진 것이다. 참고로 빛이 제일 빠른 곳은 우주인데 우 주에는 아무 물질도 없기 때문이다.

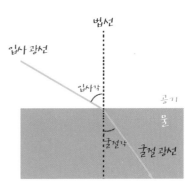

5장 안녕,
슈퍼영웅들

잔인한 선택

크루소 박사의 잔인한 선언이 끝나고 연구소 앞에는 잠시 살얼음 같은 차가운 정적이 내려앉았다. 가장 먼저 그 얼음을 깬 것은 슈퍼마켓맨이었다.

"이…, 끝까지 사악한 놈!"

슈퍼마켓맨이 크루소 박사의 멱살을 틀어잡았다. 트렌드봄버가 최대 볼륨으로 경적을 빵빵 울려 댔다. 크루소 박사가 크크크거리며 음흉하게 웃었다. 노빈손은 자기도 모르게 뒷걸음질을 쳤다. 마우스맨과 슈퍼마켓맨이 노빈손을 돌아보았다. 두 사람의 얼굴이 납빛으로 굳어 있었다.

"서, 설마……."

"노빈손맨, 아니 노빈손……."

"설마 정말로……. 절 죽…이거나, 그러진 않겠지요?"

노빈손이 창백해진 얼굴로 애써 미소를 지었다. 슈퍼마켓맨은 갈팡질팡하는 듯 어쩔 줄 몰라 하고 있었다. 마우스맨은 미간을 찌푸린 채 고민에 빠진 표정을 지었다. 그 둘의 등을 떠밀듯이 크루소 박사가 쉰 목소리로 고함을 질렀다.

"뭘 망설이나? 저 청년은 당신들과 아무 상관도 없는 존재야. 당신들의 친구인 노빈손맨도 아니라고! 이 세계가 아닌 다른 세계에서 온 데다 불편한 과학 법칙이니 뭐니 하는 것까지 달고 온 흑덩어리에 불과하지. 저 녀석이 여기서 숨 쉬고 있는 한, 슈퍼파워는 영원히 되돌아오지 않아."

"이 교활한 놈, 바로 네가 그렇게 되도록 꾸민 거잖아!"

슈퍼마켓맨이 분통을 터뜨리며 크루소 박사의 멱살을 움켜쥔 채 주먹을 들어 올렸다. 크루소 박사가 끙끙거리자 마우스맨이 차갑게 말했다.

"그만둬, 슈퍼마켓맨. 체포한 용의자에게 의미 없는 폭행을 가하는 것은 법으로 금지되어 있다."

"마우스맨, 너도 들었잖아! 이놈이 얼마나 지독한 짓을 했는지! 그런데 그런 말을!"

슈퍼마켓맨이 홱 고개를 쳐들었다. 그 손아귀에 매달린 크루소 박사는 끙끙거리면서도 키득키득 웃었다.

"그… 그래……. 어쨌든 난 이 도시의 시민이니까 법의 보호를 받을 수 있어. 하지만 저기 있는 '노빈손'은 어떨까? 쟤는 시민은 고사하고 이 '우주'의 생물조차 아니야! 이 세계에 원래 없는 존재라니까. 저 녀석을 죽인다고 해도 법에 저촉받기는커녕 그가 존재했다는 사실조차 아무도 모를 거라고! 만에 하나 알려져도 모두들 이해해 줄걸? 어쩔 수 없었다고, 필요한 일이었다고 말이야!"

"크…크루소 박사……."

노빈손의 이빨이 딱딱 부딪쳤다. 온 우주에 홀로 내팽개쳐진 것 같은 고독감이 온몸을 휩쓸었다. 자신을 바라보는 슈퍼마켓맨과 마우스맨의 흔들리는 눈빛이 그토록 무서울 수가 없었다. 죽고 싶진 않다. 도망칠까? 하지만 어디로? 이 세계에서 갈 수 있는 곳이라곤 아무 데도 없다.

슈퍼마켓맨이 크루소 박사의 멱살을 놓고 노빈손 쪽으로 몸을 돌렸다. 마우스맨도 노빈손을 향해 한 발을 내디뎠다. 노빈손은 두 발 물러섰다.

"슈… 슈퍼마켓맨, 마우스맨……."

열역학 법칙

이 세상에서 일어나는 모든 움직임은 열과 일로 설명 가능하다. 열과 일에 대한 기본 과학 법칙은 열역학 법칙이다. 열역학 1법칙은 에너지 보존 법칙으로 에너지의 양은 그대로인 채 열은 일로, 일은 열로 전환될 수 있다는 것이다. 열역학 2법칙은 열과 일은 무질서도가 증가하는 방향으로 진행된다는 것인데 열과 일이 전환되면서 점점 사용하기 불가능한 에너지 형태로 변환된다는 뜻이다. 열역학 3법칙은 어떤 물질이라도 절대 온도 0K에 도달할 수 없다는 것이다. 열역학 0법칙은 제일 나중에 밝혀졌는데 열은 고온에서 저온으로 흐른다는 것이다.

슈퍼마켓맨이 노빈손 쪽으로 점점 다가왔다. 우울하게 가라앉은 시선이 노빈손에게로 향했다.

"노빈손맨… 아니 노빈손……."

"그만둬요! 사과 따윈 받고 싶지 않아!"

노빈손이 양손으로 귀를 막았다.

"난 용서하지 않아! 절대로 용서하지 않을 거예요!"

노빈손을 향해 오른쪽 팔을 내밀던 슈퍼마켓맨의 어깨가 흠칫 떨렸다. 마우스맨이 침통한 표정으로 고개를 돌렸다.

슈퍼마켓맨이 자신에게 다가오는 모습이 슬로모션으로 노빈손의 눈 안에 비쳤다. 눈을 돌릴 수도, 다리를 움직일 수도 없었다. 그 두터운 팔뚝이 물 밑을 헤엄치는 물고기처럼 스윽 다가오더니 노빈손의 어깨를 힘 있게 눌러 잡았다. 등골에 전율이 스쳤다. 슈퍼마켓맨이 고개를 숙여 노빈손의 눈을 바라보았다.

"노빈손……"

이름 부르는 소리가 이렇게 무섭게 들릴 수 있는 줄 처음 알았다.

서 있는 것조차 힘들 정도로 떨고 있는 노빈손의 귓전에, 희미한 중얼거림이 들려왔다.

"……안 돼."

"……예?"

"내가 어떻게 그런 짓을 하겠나!"

"슈퍼마켓맨……."

슈퍼마켓맨이 노빈손의 어깨를 으스러져라 움켜쥐더니 포효하는 호랑이처럼 외쳤다.

"못하네! 비록 노빈손맨이 아니라 해도, 노빈손! 자네도 우리 친구이지 않은가! 게다가 아무 죄도 없는데 어떻게 그런 잔인한 짓을 하겠나!"

"슈퍼마켓맨……."

그제야 노빈손의 얼굴에서 긴장이 풀렸다. 뒤에서 그 모습을 바라보고 있던 마우스맨도 하핫 코웃음을 치더니 한숨을 토해 냈다.

"나 원 참……. 순간 무슨 일이 나는 게 아닌가 걱정했잖아."

"마우스맨!"

노빈손이 반갑게 이름을 부르자, 마우스맨은 얼굴을 딱딱하게 굳히더니 시선을 휙 돌렸다.

"착각하지 마라. 난 그냥 저 덩치 큰 놈이 슈퍼파워를 되찾아서 내 발목을 잡을까 봐 걱정한 것뿐이야."

빵빵!

뒤에서 경적을 울린 트렌드봄버가 노래하기 시작했다.

아아 ♪ 영~원히 변치 않~을 ♬ 우리들의 사~랑으로~ ♪ ♬

"너무 옛날 노래야, 트렌드봄버! 게다가 이 분위기에 안 어울려!"

그렇게 고함을 지르긴 했지만 노빈손은 고마운 얼굴로 트렌드봄버의 본네트를 쓰다듬었다.

 시한폭탄의 위협

갑자기 마우스맨의 긴박한 목소리가 울렸다.

"잠깐! 어디 갔지?"

"뭐가?"

"크루소 박사가 없어졌어!"

그 말에 놀란 노빈손과 슈퍼마켓맨, 트렌드봄버의 눈길이, 아니 트렌드봄버의 경우에는 전조등이 동시에 현관문으로 향했다. 정말이었다. 방금 전까지 거기서 무릎을 꿇고 죽느니 사느니 하고 있던 크루소 교수의 모습이 온데

간데없었다. 마우스맨이 발을 굴렀다.

"이런! 도망쳤군!"

"흐흐흐……, 도망치긴 누가 도망을 친다고 그러나?"

갑자기 현관의 스피커에서 크루소 박사의 음침한 목소리가 울렸다. 슈퍼마켓맨이 스피커를 향해 주먹을 휘둘렀다.

"이 생쥐 같은 녀석! 숨어 있지 말고 나와!"

"쥐 쥐 하지 말랬지!"

마우스맨이 꽥 고함을 질렀다. 그러거나 말거나 스피커에서 나오는 크루소 박사의 이야기는 계속되었다.

"한가하게 나를 찾고 있을 때가 아닐 텐데?"

"무슨 뜻이지?"

슈퍼마켓맨이 되묻자, 갑자기 현관에 달려 있던 대형 TV에 불이 들어왔다. 선명한 TV 화면에서 생방송 뉴스가 흘러나오고 있었다. 아나운서의 목소리는 긴박하기 짝이 없었다.

"긴급 뉴스입니다. 지금 막 방송국에 폭파 테러 경고 전화가 걸려 왔습니다. 연금술사이자 세계적인 악당 로빈슨 크루소 박사가 엑스몰에 폭탄을 대량으로 설치했다고 합니다. 박사는 슈퍼영웅들이 자신이 내건 조건을 들어주지 않을 경우, 5분 후에 설치한 폭탄을 원격 조종으로 터뜨리겠다고 경고했습니다. 박사는 정확히 어디인지는 밝히지 않은 채, 자신이 설치한 폭탄의 영상도 함께 보내왔습니다."

뉴스 화면은 어딘가 깜깜한 곳에 박혀 있는 폭탄을 비추는 카메라의 영상으로 바뀌었다.

해상도가 좋으려면?

신문이나 잡지의 지면을 자세히 들여다보면 색 점이 촘촘하게 나열되어 있는 것을 볼 수 있다. 각각의 색 점을 화소(pixel)라고 한다. 컴퓨터 모니터나 TV 화면도 화소로 이루어져 있다. 예를 들어 컴퓨터 모니터의 해상도를 1024×768로 설정한다면 화소수를 가로 1,024개, 세로 768개로 설정한 것으로 총 화소는 약 80만(786,432) 화소가 된다. 인쇄할 때의 해상도를 나타내는 단위는 'dpi(dot per inch)'이다. dpi는 1인치(2.54cm)당 화소가 몇 개 있는지를 나타내는데 높을수록 선명하다.

폭탄의 카운트다운 시간 5분이 빠르게 줄어들고 있었다. 곧이어 아비규환으로 변한 엑스몰이 화면에 나타났다. 수많은 사람들이 미친 듯이 달리면서 빠져나가려 하고 있었다. 참담한 비명과 절규가 TV 화면 전체에서 쩌렁쩌렁 울렸다.

슈퍼마켓맨과 마우스맨의 얼굴이 창백하게 질렸다. 트렌드봄버의 본네트도 바들바들 떨리는 것 같았다. 스피커에서 크루소 박사의 목소리가 재차 흘러나왔다.

"흐흐흐……, 어떠신가? 내 꼼꼼한 선물이?"

"크루소! 언제 이런 수작을!"

"요구 조건이 뭐냐?"

슈퍼마켓맨과 마우스맨이 앞다투어 소리쳤다. 흥에 겨운 듯한 크루소 박사의 말소리가 이어졌다.

"내 요구 조건은 간단해. 거기 있는 노빈손을 죽이라는 것이다. 그러면 폭탄의 카운트다운을 멈춰 주지."

"뭐…라고?"

"왜 그렇게 노빈손에 집착하는 거야!"

마우스맨이 이를 갈며 외치자 크루소 박사의 대답이 돌아왔다.

"사실, 아까 한 얘기는 거짓말이었거든."

"뭐라고?"

"등가 교환은 환불, 아니 교환이 가능하지."

"이게 무슨 웃기게냐!"

마우스맨이 분통을 터뜨리자 슈퍼마켓맨 대신 물었다.

"그럼 노빈손맨과 노빈손을 각자 원래 세상으로 다시 되돌릴 수 있다는 거군?"

"그래. 하지만, 노빈손이 죽으면 노빈손맨도 이 세계로 절대 돌아올 수 없지. 등가 교환이니까."

"처음부터 그걸 노렸던 거였군! 우리 손으로 노빈손을 죽이게 하고, 그래서 노빈손맨이 영원히 이 세계로 돌아오지 못하게 만들고!"

마우스맨이 다 부서져 나뒹구는 현관문을 콰직 짓밟았다. 크루소 박사의 통쾌한 웃음소리가 일행의 귓전에 꽂혔다.

"하하하! 어차피 네놈들에게 선택권은 없어. 안 그러면 어쩔 텐가? 내 요구를 무시하고 저 무고한 사람들이 죄다 죽게 놔둘 텐가? 엑스몰에서 빠져나가기에는 5분이 짧을텐데, 아니면 불법 체류자 한 명을 희생시켜서 시민들을 구할 텐가? 정의롭고 잘난 슈퍼영웅들이여!"

슈퍼마켓맨이 마우스맨에게 나직하게 속삭였다.

"마우스맨! 당장 연구소 안을 수색하세. 박사를 붙잡으면 폭탄 조종도 막을 수 있을 것이네."

"안 돼! 시간이 너무 없어. 벌써 1분밖에 안 남았어. 그 안에 크루소를 찾지 못하면 손도 못 쓰고 그대로 폭발이야!"

마우스맨이 슈퍼마켓맨의 제안을 거절하자 슈퍼마켓맨이 벌컥 화를 냈다.

"그럼 어쩌자는 건가! 저놈의 요구 조건을 들어주자는 건가?"

마우스맨의 얼굴이 침통하게 굳어졌다. 옆에서 듣고 있던 노빈손도 피가 바짝바짝 졸아드는 듯했다.

잘못하면 수많은 사람들이 죽는다. 아까와는 상황이 또 다르다. 자신의 목숨 대 수많은 사람들의 목숨……

'안 돼! 그런 식으로 생각하면 안 돼!'

노빈손은 고개를 붕붕 저어 약한 생각을 털어 냈다.

'분명히 뭔가 해결할 방법이 있을 거야! 방법이!'

아이언맨의 핵융합 원자로

아이언맨은 가슴에 있는 소형 핵융합 원자로에서 하늘을 날고 미사일을 발사하는 에너지를 얻는다. 핵융합 발전은 원자들이 합쳐지면서 발생하는 에너지를 이용한다. 원자핵을 분열시키는 핵분열을 이용하는 원자력 발전과 정반대의 원리로, 원자력처럼 방사능 물질이 대량 배출될 위험성이 없다고 한다. 아이언맨의 원자로처럼 상온에서는 핵융합이 일어날 수 없고 초고온에서만 가능하다. 아직 개발 단계에 있지만 핵융합 발전이 실현된다면 고갈 걱정도 없고 공해 걱정도 별로 없는 에너지를 얻는 것이다.

노빈손, 폭탄의 카운트다운을 막아라

노빈손의 시선이 이리저리 방황하다가 현관 앞 대형 TV에 멎었다. 마침 TV는 폭탄의 카운트다운을 비추고 있었다. 폭탄의 시간은 막 40초대로 바뀌고 있었다.

그 순간, 노빈손의 머릿속에 파지직 불꽃이 튀었다.

'어…어쩌면!'

"트렌드봄버!"

노빈손은 다급하게 트렌드봄버의 본네트를 두드렸다.

"인간의 눈으로 볼 수 없는 파장도 볼 수 있다고 했지?"

YES~ ♬

"지금 연구소에서 빠져나가는 전파가 있는지 좀 봐 줘!"

트렌드봄버의 전조등이 파바박 켜지더니 새파랗게 빛났다. 마치 하늘을 올려다보듯이 조명을 비추던 트렌드봄버가 노래를 시작했다.

있다! 그 전파~ 나만 볼 수 있어요~ ♬ 내 눈에만 보여요~ ♪

"좋아!"

노빈손이 식은땀을 훔쳤다. 둘의 긴박한 대화를 들은 슈퍼마켓맨과 마우스맨이 노빈손을 향해 시선을 돌렸다. 노빈손이 트렌드봄버에게 말했다.

"잘 들어. 박사가 여기서 폭탄의 카운트다운을 발신하고 있다면, 바로 그 전파로 조종하는 중일 거야. 네가 읽은 그 전파를 향해서 반파장을 발신해! 전파 곡선에 맞춰서 정확하게 반대 모양을 그리는 거야!"

오케이~ 오케이~ 오케이~ ♪ ♬

트렌드봄버가 정신을 집중하는지 조용해졌다. 마우스맨이 이해가 안 간다는 표정으로 노빈손의 어깨를 붙잡았다.

"전파? 반파장? 그게 다 무슨 소리야?"

"통신 전파예요!"

노빈손이 슈퍼마켓맨과 마우스맨을 향해 외쳤다.

"박사가 여기서 폭탄의 카운트다운을 가동시켰다면, 그리고 조건을 지킬 경우 폭탄을 멈추겠다고 말했다면……, 그는 여기서 폭탄을 전파로 원격 조종을 하고 있는 게 틀림없어요! 그 전파를 트렌드봄버가 읽은 거고요."

노빈손이 양팔을 좌악 벌렸다.

"트렌드봄버는 전파를 읽어 들이고 전파를 발신할 수 있잖아요. 통신 전파

는 반파장과 만날 경우 합쳐지면서 파장이 없어지게 돼요. 그러니까 트렌드
봄버의 반파장으로 박사의 카운트다운을 막을 수 있어요!"

그 말과 함께 노빈손의 손가락이 TV 화면을 가리켰다. 슈퍼마켓맨과 마우
스맨의 시선도 이끌리듯이 TV에 가서 못 박혔다.

화면에 비친 폭탄의 카운트다운은 아슬아슬하게 4초에서 멈춘 채 움직이지
않고 있었다.

슈퍼마켓맨이 입을 딱 벌렸다. 마우스맨조차 어버버거리며 놀라 어쩔 줄을
몰라하고 있었다.

"야, 너… 너……."

"빨리요! 트렌드봄버가 박사의 전파를 봉하고 있는 동안, 박사를 찾으세
요! 박사가 갖고 있는 폭탄 조종기를 박살 내야 돼요!"

"알았네!"

슈퍼마켓맨과 마우스맨이 연구소 안으로 뛰어 들어갔다.

그때 건물 위쪽에서 인기척이 느껴졌다. 번쩍 고개를 쳐든 노빈손의 시선
이 연구소 왼쪽에 꽂혔다. 어둠 너머로 엿보이는 막대기 같은 무언가가 건물
밖으로 길쭉하게 뻗어 나와 있었다. 사람 팔이었다! 3층 왼쪽 끝의 베란다에
서 누군가가 팔을 난간 밖으로 길게 내밀고 있었다.

다름 아닌 크루소 박사였다. 박사는 전파가 터지지 않는 지역에 있는 사람
들이 흔히 그러듯, 무전기 같은 것을 들고 팔을 허공으로 한껏 뻗고 있었다.
그래도 안 되는지 급기야 양팔을 들고 만세 포즈를 취하더니 결국 분노를 터
뜨렸다.

"으아아악! 왜! 왜 안 터지는 거야! 전국의 전화국들이여! 내게 전파를 나
누어 달라고!"

"무슨 원기옥 모으나? 슈퍼마켓맨, 마우스맨! 3층 왼쪽 방!"

노빈손의 고함과 동시에 트렌드봄버가 전조등을 그곳에 비췄다. 밝은 스포트라이트에 모습이 드러난 박사가 기겁하며 안으로 도망치려 했지만, 바로 그 순간 슈퍼마켓과 마우스맨이 들이닥쳤다. 재빠르게 베란다 문을 잠근 박사가 잠시나마 통쾌하게 웃었다.

"으하하하! 이러면 못 들어오겠지? 어떻게 나를 잡을 텐가? 그사이 폭탄은 폭발……."

"시끄럽다. 독 안에 든 쥐 신세인 주제에."

마우스맨이 차갑게 내뱉고선 흠칫했다. 돌아보니 슈퍼마켓맨이 쟁반만큼 커진 눈으로 마우스맨을 쳐다보고 있었다. 마우스맨의 얼굴이 복면으로도 감출 수 없을 만큼 빨개졌다. 슈퍼마켓맨이 입을 열었다.

"마우스맨, 방금 뭐라고 했나? 독 안에 든…, 뭐?"

"시끄럿! 지금 그게 중요해?"

"아니, 하지만……."

"그만하랬지!"

"그치만 방금 쥐라고……."

"에이잇! 영원히 기억하지 못하게 해 주마! 필살, 김밥말이 공격!"

버럭 성을 낸 마우스맨이 슈퍼마켓맨을 망토로 둘둘 말더니 그대로 유리문을 향해 던져 버렸다.

"이야아압!"

쨍그랑!

베란다의 유리문이 깨져 나가는 소리가 들렸다. 놀란 크루

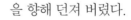

전자기파의 간섭

전자기파(빛)는 서로 간섭하는 성질을 가진다. 크기와 주기가 같은 파장끼리 같은 방향으로 진행할 때는 보강 간섭이 일어나 그 파장의 진폭이 더 커지게 된다. 보강 간섭에서는 마루와 마루 또는 골과 골이 일치하여 파동의 진폭은 원래 파동의 2배가 되고, 세기는 4배가 된다. 이와 반대로 크기와 주기가 같지만 위상이 반대 방향으로 진행하는 반파장을 만나게 되면 파장이 없어지는 상쇄 간섭이 일어난다. 두 파장의 마루와 골이 일치하여 파동의 진폭이 0이 되는 것이다.

174

소 박사가 뒤로 물러섰지만, 난간이 등을 가로막았다. 베란다 위에 내던져진 슈퍼마켓맨이 끄응 소리를 내며 몸을 일으켰다. 뒤따라 들어온 마우스맨은 미간에 주름을 잔뜩 잡으면서 크루소 박사를 노려보았다. 박사는 겁에 질린 와중에도 어이없는 기색을 감추지 못한 채 두 영웅을 번갈아 쳐다보았다.

정신 차리려고 머리를 휘휘 젓다가 크루소 박사와 딱 눈이 마주친 슈퍼마켓맨이 버럭 고함을 질렀다.

"이 사악한 악당! 정의의 심판을 받아라!"

그 기세에 압도된 크루소 박사는 그만 엉덩방아를 찧고 말았다. 그 손에서 무전기가 떨어지자, 마우스맨이 재빠르게 그것을 집어들었다. 박사에게 달려들려는 슈퍼마켓맨을 마우스맨이 제지했다.

"잠깐, 슈퍼마켓맨!"

"뭐야, 마우스맨. 체포한 악당은 때리면 안 된다 이건가? 이 상황에서도 그런 소리를……."

"그게 아냐. 내가! 바로 내가 때릴 테다!"

"꼬로로록……."

기세등등한 두 영웅의 모습을 앞에 둔 박사는 그만 기절해 버렸다.

그 모습을 1층에서 지켜보던 노빈손은 긴장으로 딱딱해졌던 허리에서 힘이 쑤욱 빠져나가는 것을 느꼈다. 하마터면 그 자리에 주저앉을 뻔했지만, 그 직전에 트렌드봄버가 빵빵거리는 소리가 힘차게 들려왔다. 노빈손이 그리로 달려가자 트렌드봄버가 종달새마냥 노래를 부르기 시작했다.

까까머리 근육 허술 노! 빈손맨~ ♪ ♬ 지구를 지키는 노! 빈손맨~ ♪

"너 지금 나 놀리는 거냐?"

노빈손은 그렇게 말하면서도 신나게 웃으면서 트렌드봄버의 본네트를 두 팔 벌려 껴안았다.

"수고했다, 노빈손. 그리고……, 고맙다."

어느새 다가온 슈퍼마켓맨이 커다란 손을 수줍게 내밀었다. 옆에 선 마우
스맨이 싱긋 웃으면서 어깨를 두드려 주었다. 트렌드봄버도 빵빵 경적을 울
려 댔다. 그 뒤에는 꽁꽁 묶인 로빈슨 크루소 박사가 얻어맞아서 퉁퉁 부은
얼굴로 앉아 있었다.

이제 정말 이별인가요?

노빈손은 크루소 박사의 연구소 바닥에 그려진 커다란 문양 안에 서 있었
다. 크루소 박사의 말에 따르면 이 요상한 마법진을 통해서 다른 평행 세계
간의 등가 교환을 성공시켰다고 한다. 도대체 어떻게 그런 게 연금술로 가능
하냐고 물었더니 흑마술도 조금 섞었단다.

참나, 나름 과학자라는 사람이 자존심도 없나?

"과학이라는 게 슈퍼파워를 방해하기에 불편하기만 한 줄 알았는데, 꼭 그
렇지도 않더군. 마지막 순간에 노빈손의 과학 지식이 아니었으면 어떻게 그
상황을 해결했을지……."

슈퍼마켓맨이 말을 흐렸다. 마우스맨이 픽 웃으면서 대꾸했다.

"뭐가 어떻게 된 건지 하나도 이해하지 못했으면서 아는 척하기는."

"하지만 좀 아쉽네요. 결국 슈퍼마켓맨이 하늘을 나는 걸 한 번도 보지 못
했으니 말이에요. 트렌드봄버가 로봇이 된 모습도요."

노빈손이 말하자 슈퍼마켓맨이 머쓱한 표정으로 뒤통수를 문질렀다.

"그건 그렇군. 내 멋진 모습을 노빈손에게도 보여 주고 싶었는데, 아깝게 됐어."

"괜찮아요. 충분히 멋있었으니까요."

노빈손은 친구를 죽일 수는 없다고 외치던 슈퍼마켓맨의 모습을 떠올리며 대답했다. 그 말을 들은 슈퍼마켓맨은 어린애처럼 환하게 웃었다. 그 미소를 본 마우스맨은 자기가 쑥스러운 듯 슈퍼마켓맨의 옆구리를 찔러 댔다. 옆구리를 움켜쥔 채 신음하는 슈퍼마켓맨을 향해 노빈손이 물었다.

"그러고 보니, 저 궁금한 게 있어요."

"뭔가?"

"이 세계의 '노빈손맨'이 가진 슈퍼파워는 뭐예요?"

노빈손이 묻자, 슈퍼마켓맨이 해맑게 웃으면서 대답했다.

"아아, 그거? 그건 '무장해제'야."

"무장해제요?"

"응. 누구든 노빈손맨이 지정하는 사람은 그 자리에서 바로……."

거기까지 말한 슈퍼마켓맨의 표정이 이상하게 일그러졌다.

"바로, 에, 그러니까……."

옆에 서 있던 마우스맨도 난감하다는 표정을 지었다. 우물쭈물대던 슈퍼마켓맨은 구원을 바라는 눈빛으로 마우스맨을 바라보았지만, 마우스맨은 손을 내저으며 뒤로 물러섰다.

"어? 갑자기 왜 그러세요?"

이상하게 여긴 노빈손이 다그쳐 묻자, 두 사람은 느닷없이

전파 방해란?

레이더상의 항공기 표시나 라디오 교신, 무선항법 등을 방해하는 전자적 또는 기계적 간섭을 일컫는 군사 용어이다. 주로 적의 장거리 센서나 탐색 장비를 무력화시킬 목적으로 사용한다. 영어로는 '재밍'이라고 한다. 적의 전파, 주파수를 탐지해 통신 체제를 혼란시키거나 방해하기 위한 것으로, 특히 적군이 쏜 미사일이 위성 신호를 수신하지 못하게 할 목적으로 방해 전파 등을 사용하는 것은 'GPS 재밍'이라고 한다.

몸을 휙 돌려서 크루소 박사를 닦달하기 시작했다.

"자자, 노빈손을 이제 그만 보내 줘! 크루소 박사! 등가 교환인지 뭔지 발동해!"

"네? 잠깐만요! 왜 그러세요, 갑자기! 그렇게 이상한 슈퍼파워인 거예요?"

노빈손이 억울하다는 듯이 목소리를 높였지만, 이미 발밑의 문양은 빛을 발하기 시작한 뒤였다. 서서히 빛으로 감싸여 시야가 흐려지는 가운데 슈퍼마켓맨과 마우스맨이 미소 짓고 있었다. 트렌드봄버의 전조등이 웃는 것처럼 깜박거렸다.

"잘 가, 노빈손!"

"몸조심하고!"

우리는 모두 친구~♪ 맞아!

노빈손도 활짝 웃으면서 점차 흐려져 가는 슈퍼영웅들을 향해 손을 힘차게 흔들었다.

그리고 이내 모든 것이 어두워졌다.

에너지 보존 법칙

에너지는 일을 하는 힘이야. 물리학에서는 힘이 작용하는 방향으로
물체가 움직였거나 물체의 모양이 변했을 때 일을 했다고 해.
에너지의 종류는 운동 에너지, 위치 에너지, 전기 에너지, 열에너지,
빛 에너지 등으로 다양하지. 그런데 에너지는 사라지지 않아.
다른 에너지로 변환될 뿐이지. 이걸 에너지 보존 법칙이라고 해.

🔘 에너지의 변신

세상의 모든 움직임에는 에너지가 필요해. 태양이 보낸 열에너지와 빛 에너지를 식물
이 흡수해 화학 에너지로 바꾸지. 동물은 식물을 먹어 이 화학 에너지를 얻은 다음 운
동 에너지로 바꾸는 거지. 특히 움직이는 물체가 가지고 있는 에너지를 역학적 에너지
라고 해. 역학적 에너지에는 운동 에너지와 위치 에너지가 있어. 위치 에너지는 높은
곳에 있는 물체가 잠재적으로 갖고 있는 운동 에너지라고 할 수 있어. 예를 들면 높은
곳에서 떨어진 물은 물레방아나 발전기를 돌릴 수 있는 것처럼. 그런데 에너지가 변신
할 때 바뀌기 전이나 바뀐 다음이나 에너지의 총 크기는 같아. 이걸 에너지 보존 법칙
이라고 해.

🔘 위치 에너지와 운동 에너지의 교환

롤러코스터에서 에너지 보존 법칙을 살펴볼까? 놀이동산의 롤러코스터는 먼저 높은
곳에서 뚝 떨어지면서 운행이 시작돼. 낮은 곳으로 내려올수록 롤러코스터의 속도는
빨라지지. 위치 에너지가 줄어들면서 운동 에너지가 커지는 거야. 그래서 가장 아래
지점으로 내려갔을 때는 위치 에너지가 최소인 대신 운동 에너지가 최대야. 제일 빠르
다는 말이지. 관성의 법칙(기억하고 있겠지?)에 의해서 롤러코스터는 그 속력으로 계속

● 위치 에너지 최대, 운동 에너지 최소 ② 위치 에너지 감소, 운동 에너지 증가
③ 위치 에너지 최소, 운동 에너지 최대 ④ 위치 에너지 증가, 운동 에너지 감소

움직이려고 하므로 다음 오르막을 오를 수 있어. 그러면 위치 에너지가 점점 증가하겠지? 대신 운동 에너지는 줄어들어서 속력은 점점 줄어들어. 위치 에너지와 운동 에너지를 더한 값은 늘 같거든.

◎ 질량 보존 법칙

질량도 에너지와 마찬가지로 그대로 보존된대. 이 사실을 처음 밝힌 사람은 18세기 프랑스의 화학자 라부아지에야. 그 뒤 실험을 통해 증명한 바에 따르면 어떤 물질을 화학 반응시켰을 때 반응 전의 질량과 반응 후의 질량이 거의 같게 나왔대. 예를 들어 수소 10g과 산소 80g을 화학 반응시키면 수증기(물) 90g이 만들어지는 거야. 그렇다면 장작을 태우고 난 뒤 남은 숯은 원래 장작과 같은 질량일까? 장작이 더 무거워. 장작이 불에 타면서 속에 있는 물질들이 기체가 되어 공기 중으로 날아갔기 때문이야. 장작에서 나온 연기와 숯의 질량을 합치면 당연히 장작과 같은 질량이지.

◎ 잃어버린 에너지는 어디로?

수력 발전소에서는 물의 위치 에너지로 생성된 운동 에너지로 발전기를 돌려서 우리가 사용할 수 있는 전기 에너지를 만들어. 그런데 물의 위치 에너지보다는 작은 양의 전기 에너지가 만들어져. 에너지는 그대로 보존된다는데 왜 그럴까? 에너지가 그대로 변신하지는 않거든. 운동 에너지가 발전기를 돌릴 때 마찰에 의해 열에너지와 소리 에너지도 생기거든. 원래 운동 에너지에서 이걸 빼야 전기 에너지가 나오는 거야. 어떤 에너지를 이용해서 우리가 사용할 수 있는 에너지로 바꿀 때 그 과정에서 낭비되는 에너지가 적을수록 효율이 높다고 하지.

에필로그

"아흐암……."

이불 속에서 꿈틀대던 노빈손은 게슴츠레한 눈을 떴다. 느긋하게 기지개를 켜는 것도 잠시, 어머니가 방문을 요란하게 열어젖혔다.

"노빈손! 오늘 새 학기 시작하는 날이잖아! 내가 대학생 아들까지 깨워서 보내야겠니? 제발 철 좀 들어라!"

"쩝, 알았어요. 지금 일어났잖아요."

노빈손은 눈곱을 적당히 떼고 집을 나서서 학교를 향해 터덜터덜 걷기 시작했다.

돌아온 현실 세계는 변한 것이 하나도 없었다. 단지 '노빈손맨'이 지내고 간 하루 동안 수상한 소동이 많이 일어났던 모양이었다. 주변의 이웃이나 친구들이 거리에서 노빈손을 바라보며 수군거리는 것을 몇 번이나 목격했기 때문이다.

"쟤래요, 쟤."

"은행 강도를 잡은 용감한 사람이? 정말이에요?"

"저 민머리가 맞다니깐요. 쟤가 은행을 털어 가는 강도를 향해서 '무장해제!' 하고 외쳤더니, 글쎄 강도의 복면이 홀라당 사라졌대요."

"그게 문제유? 복면만이 아니라, 머리부터 발끝까지 팬티 하나 남기지 않고 옷이란 옷은 전부 사라졌다는 거 아니우. 인질로 잡혀 있던 사람들이 기겁을

텔레포트는 가능한가?

게임이나, 판타지 소설, SF 영화에 많이 등장하는 순간이동 또는 텔레포트는 물체나 사람을 순간에 다른 공간으로 이동시키는 것이다. 아인슈타인의 특수상대성이론에 따르면 모든 물체와 정보는 빛보다 빠르게 이동할 수 없기에 순간이동은 불가능하다고 한다. 하지만 '양자 얽힘'이라는 현상이 있다. 서로 양자(물질의 최소 단위)적으로 얽혀 있는 두 입자는 아무리 멀리 떨어져 있어도 정보를 공유한다는 것이다. 현재까지 '양자 얽힘'을 이용해서 빛의 입자인 광자까지 순간 이동시키는 데는 성공했다.

했대요. 강도는 그만 울음을 터뜨리고."

"맙소사, 내가 다 얼굴이 빨개지네. 당한 사람은 부끄러워서 어떡했대요?"

"출동한 경찰들의 소감 들었어요? 민머리를 풍기 문란죄로 체포해야 할지 순간 망설였다잖아요."

힐끔거리는 시선에 신경이 쓰인 노빈손이 다가가 도대체 무슨 일이 있었냐고 물었지만, 다들 노빈손을 외면하며 대답하기를 피했다.

서둘러서 나온 탓인지 목이 말랐다. 노빈손은 학교 앞의 편의점으로 들어가 음료수 하나를 집어들고 계산대로 갔다. 계산대를 지키고 있던 키 큰 남자가 말했다.

"1,200원입니다."

주머니를 뒤져 돈을 꺼내던 노빈손은 문득 눈앞에 선 사내를 보고 그 자리에 우뚝 멈춰 서 버리고 말았다. 190cm에 가까울 것 같은 큰 키에 송충이 눈썹, 선량한 눈빛. 뚫어져라 처다보는 노빈손의 시선을 느낀 남자가 의아한 눈으로 그를 마주 보았다.

"왜 그러시죠?"

"아… 아뇨……."

노빈손은 손가락을 꼼지락꼼지락거리며 뭐라 대답해야 할지 고심했다.

"제 친구랑 얼굴 생김새가 너무 닮으셔서 놀랐어요."

"아아, 그러셨군요."

남자는 사람 좋게 웃으면서 거스름돈을 건넸다. 노빈손도 어색한 미소를 지어 보이면서 동전을 주머니에 집어넣었다.

고전 역학과 양자 역학

고전 역학은 현재의 상태를 정확하게 알고 있다면 미래의 어느 순간에 어떤 사건이 일어날지를 정확하게 예측할 수 있다는 것을 중요시한다. 이러한 물리학을 일반적으로 뉴턴 물리학이라고 한다. 양자 역학은 고전 역학과 달리 확률을 중시한다. 비록 현재 상태에 대하여 정확하게 알 수 있더라도 미래에 일어나는 사실을 정확하게 예측하는 것은 불가능하다는 것이다. 양자 역학은 원자에 있는 전자가 어느 순간에 어디에서 발견될 것인지를 알려 주는 것이 아니라 그곳에서 전자가 발견될 가능성이 있다는 것을 설명한다.

그리고 천천히 몸을 돌렸다.

"그럼, 많이 파세요."

"감사합니다! 또 오세요!"

명랑한 인사가 등 뒤에 울려 퍼졌다.

편의점에서 나오자 횡단보도의 신호등이 막 빨간불로 바뀌었다. 신호에 걸려 서 있던 자그마한 분홍색 자동차가 기세 좋게 사거리로 달려나갔다. 저도 모르게 자동차의 꽁무니를 향해 눈길을 준 노빈손의 귀에, 옆에 선 학생이 보고 있는 스마트폰의 뉴스 영상 소리가 들려왔다.

"다음 소식입니다. 국내 기업 '미티마우스'가 미국의 D모 기업과 표절 시비와 저작권 공방을 벌인 끝에 결국 고소당했습니다. 기업의 대표는 '나를 모욕하는 것은 참을 수 있지만 쥐를 모욕하는 것은 참을 수 없다'며 법적으로 단호히 대응할 것이라고 발표했습니다……."

뉴스 소리를 좀 더 잘 들으려고 노빈손이 한 걸음 다가서는 순간, 신호등이 초록불로 바뀌었다. 사람들이 일제히 횡단보도로 발을 내딛자, 앵커의 목소리도 발소리에 묻혀 어디론가 사라져 버렸다.

새 학기의 첫 수업은 원어민 교수가 진행하는 영어회화였다.

학생들은 웅성웅성거리면서 지난 방학 동안 있었던 일들로 수다를 떠느라 여념이 없었다. 그 와중에 노빈손만이 멍하니 생각에 잠겨 있었다. 옆에 앉은 친구가 옆구리를 쿡 찔렀다.

"야, 노빈손. 무슨 사색을 그렇게 하나?"

"응? 아냐. 그냥 좀. 아침에 들른 편의점 생각."

"뭐? 편의점? 뜬금없이 왜? 점원이 이쁘던?"

"아냐, 인마. 아저씨였단 말이야."

"뭣이여? 징그럽게 왜 아저씨 생각은 하고 앉아 있냐?"

친구의 핀잔에 잠시 뜸을 들이던 노빈손은 천천히 입을 열었다.

"있잖아."

"오냐."

"왜 사람은 하늘을 날 수 없을까?"

"……너 머리 괜찮냐?"

심각한 표정을 짓는 친구의 머리 위로 날카로운 목소리가 날아들었다.

"어허! 다들 조용! 교수님 들어오셨는데 그만 좀 떠들지?"

어느새 교단 위에는 영어회화 수업의 교수님이 서 있었다. 아무 생각 없이 교단 위를 바라본 노빈손은, 다음 순간 새파랗게 질린 얼굴로 입을 쩌억 벌렸다. 머리가 회색빛인 담당 교수님이 안경을 치켜올리면서 지긋이 강의실 안을 둘러보고 있었다.

"영어회화 과목을 담당하게 된 로빈슨 크루소 교수다."

작달막한 교수님이 왠지 음침하게 느껴지는 미소를 띠었다.

"제군들, 한 학기 동안 잘 지내 보자."

'망했다.'

현실 세계의 생활도 쉽게 풀리진 않을 것 같다는 불길한 예감을 느끼며 노빈손은 지끈거리는 미간을 꾹꾹 눌렀다.